高等职业教育"互联网+"新形态教材·软件技术专业

HTML5+CSS3 Web 前端开发技术

徐 晨 张 林 主 编

熊孟娜 韩 锐 蔡 茜 朱 珠 副主编

电子工业出版社

Publishing House of Electronics Industry

北京·BEIJING

内 容 简 介

本书以《Web 前端开发职业技能等级标准》为指导进行编写，满足了高等职业教育软件技术专业网页设计与制作、Web 前端开发等课程教学需要。全书分为制作 HTML5 页面、制作表单页面、制作列表页面、制作详情页面、制作网站首页、知识扩展（在微信小程序中应用 HTML5）6 个单元。本书结合真实的企业案例，内容涵盖了 HTML5 和 CSS3 常用标签及样式的应用，各单元以具体的网页任务为驱动，按学习情境描述、学习目标、任务书、获取信息、工作计划、进行决策、知识准备、相关案例、工作实施、评价反馈、拓展思考的顺序组织内容，引导读者逐步进行学习。

本书主要面向软件技术专业 Web 前端开发方向的学生，同时也可作为软件技术专业其他方向或计算机相关专业的教材，也可作为 IT 行业软件开发从业人员能力提升的自学参考用书。

图书在版编目（CIP）数据

HTML5+CSS3 Web 前端开发技术/徐晨，张林主编. —北京：电子工业出版社，2022.6

ISBN 978-7-121-43408-2

Ⅰ.①H… Ⅱ.①徐… ②张… Ⅲ.①超文本标记语言—程序设计—高等职业教育—教材 ②网页制作工具—高等职业教育—教材 Ⅳ.①TP312.8 ②TP393.092.2

中国版本图书馆 CIP 数据核字（2022）第 077378 号

责任编辑：贺志洪

印　　刷：三河市华成印务有限公司

装　　订：三河市华成印务有限公司

出版发行：电子工业出版社

　　　　　北京市海淀区万寿路 173 信箱　邮编：100036

开　　本：787×1092　1/16　　印张：16.5　字数：422.4 千字

版　　次：2022 年 6 月第 1 版

印　　次：2023 年 2 月第 2 次印刷

定　　价：49.50 元

前　　言

本教材系重庆工商职业学院的首批国家级职业教育教师教学创新团队联合四川华迪信息技术有限公司、四川川大智胜股份有限公司、成都思晗科技股份有限公司编写的软件技术专业Web 前端开发方向基于工作过程系统化的教材之一。

依托数字工场和省级"双师型"教师培养培训基地，由创新团队成员和企业工程师组成教材编写团队，目的是打造高素质"双师型"教师队伍，深化职业院校教师、教材、教法"三教"改革，探索产教融合、校企"双元"有效育人模式。教材编写的初衷是让软件技术专业 Web 前端开发方向学生掌握 Web 前端开发核心技术，提高他们的 Web 前端开发技能，为进入 Web 前端开发工作或继续深造奠定基础；同时让软件技术专业其他方向学生掌握一定的 Web 前端开发技术，支撑软件技术专业发展，拓展软件技术专业学生的就业范围。

教材体系与特色

本教材是重庆工商职业学院联合企业共同开发的面向高等职业教育的"软件技术专业 Web 前端开发方向教材体系"中的一本，是基于工作过程开发出来的软件技术专业 Web 前端开发方向专业核心课程。本教材注重培养学生的职业能力和创新精神，培养学生利用 HTML5 和 CSS3 技术进行网站设计与开发的实践能力。其具有如下特色：

●组织结构合理，内容由浅入深。为了更好地帮助读者学习 HTML5+CSS3 Web 前端开发技术，本教材设计了大量案例来介绍 HTML5 和 CSS3 技术及其基本使用方法。

●针对性强。本教材的教学内容和结构着眼于 Web 前端开发的能力培养，适应时代的要求，符合应用型院校人才培养的需要。

●贴合实际。本教材案例取自企业一线，主要教学内容符合高等职业院校软件技术专业教学标准。对接岗位要求，具有较强的实践价值。

●可操作性强。本教材针对每个学习情境项目，提供详细的解决方案和操作步骤，将知识点融入项目开发过程中。教材中任一个项目都可经过反复演练，读者可根据步骤独立实现项目。

●教学资源丰富。本教材提供课件、软件操作录屏、微课等教辅资料，使教和学更加容易。

受众定位

本教材适用于应用型本科、高职高专软件技术专业 Web 前端开发方向，以及软件技术专业其他方向等相关专业，也可作为 Web 前端开发人员技能提升和阅读的参考用书。

教材基本概况

本教材围绕 HTML5、CSS3 相关技术进行介绍，分为导言和 6 个单元。

导言：介绍了《HTML5+CSS3 Web 前端开发技术》课程性质与背景、工作任务、学习目标、课程核心内容、重点技术、学习方法等。单元 1：介绍了 HTML5 Web 项目构建。单元 2：介绍了表单型网页开发。单元 3：介绍了列表型网页开发。单元 4：介绍了详情页与响应式网页开发。单元 5：介绍了聚合型首页开发。单元 6：介绍了微信小程序开发。全书以实用为基础，主要从一个真实项目——郫都校企慧招聘网站中抽取出小任务作为学习情境，每单元以学习情境的完成为主线，介绍 HTML5+CSS3 Web 前端开发技术的各项知识，包括开发环境与调试，HTML 结构及语法，区块元素、语义结构元素与超链接、图文、表单、列表、表格、多媒体等常见 HTML 元素，CSS 基本语法、选择器、盒模型，背景、边框、阴影、字体等常见 CSS 属性，浮动、定位、弹性布局、响应式布局、多列布局等 CSS 技术，动画、过渡等 CSS 特效，最后从小任务整合到整个项目的完成，形成一个综合性案例。

本教材的编写参照了 Web 前端开发"1+X"职业技能等级证书标准，教材中的技能知识点和职业技能等级证书标准的对应关系如"附录 1 1+X 对照表"所示。

编写团队

本教材由徐晨（重庆工商职业学院软件技术专业骨干教师，国家"双高计划"高水平专业群、首批国家级职业教育教师教学创新团队核心成员，5 年以上 Web 前端开发实践和教学经验，重庆市高等职业院校学生职业技能竞赛优秀指导教师）、张林（成都思晗科技股份有限公司）担任主编，其中，徐晨负责单元 5 的编写工作，张林负责单元 6 的编写工作。

本书副主编均具有丰富的 Web 前端开发教学实践经验、5 年以上的软件开发企业工作经验，具体编写分工如下：导言由成都思晗科技股份有限公司朱珠编写，单元 1 由重庆工商职业学院蔡茜编写，单元 2 由重庆工商职业学院熊孟娜编写，单元 3、4 由重庆工商职业学院韩锐编写。

本教材在编写过程中得到重庆工商职业学院、四川华迪信息技术有限公司及成都思晗科技股份有限公司相关领导和同事的大力支持和帮助，在此表示感谢。由于编者水平有限，教材中难免存在不妥之处，敬请广大读者批评指正。

编　者

2021 年 11 月

目　　录

导　言

教材导言

课程性质描述

　　《HTML5+CSS3 Web 前端开发技术》是基于前端开发工作过程的一门课程，是 Web 前端开发相关专业的核心课程。本课程注重对学生职业能力、创新精神和实践能力的培养，培养学生利用 HTML5 和 CSS3 技术进行网站设计与开发的实践能力，融理论和实践于一体，是教、学、做一体化的专业课程，也是工学结合的课程。

　　适用专业：Web 前端开发、软件技术、网页设计相关专业。

　　建议课时：72。

典型工作任务描述

　　现今我们已经进入互联网时代，HTML5 和 CSS3 是带领我们进入编写网页精彩世界的先驱技术。所有的现代浏览器（包括 Internet Explore 9）都为 HTML5 和 CSS3 的许多新功能提供强大的支持，与以往相比，开发人员能够更轻松地创建功能强大、易于维护的网页。

　　由于旧版浏览器所占的市场份额逐渐减少，因此你所学习的 HTML5 和 CSS3 技术将更具价值。通过学习这些知识，你将在网页制作方面提高自己的开发能力。本教材的典型工作任务如图 0-1 所示。

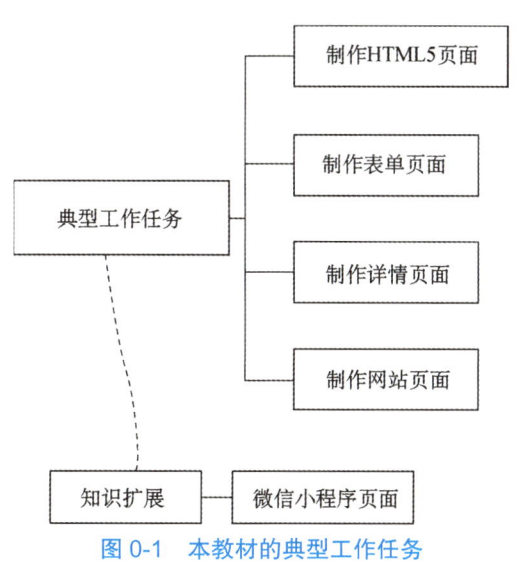

图 0-1　本教材的典型工作任务

课程学习目标

　　本课程内容涵盖了基本理论、基本技能和职业素质三个层次的培养，通过本课程的学习，同学们能够掌握以下知识和技能。

（1）基本理论方面

① 掌握 HTML 基本结构和语法知识。

② 掌握文本、图片、超链接、表格、表单等常用元素的知识。

③ 掌握 HTML5 新增全局属性、结构化与页面增强、表单、多媒体元素的知识。

④ 掌握 CSS 基本语法知识。

⑤ 掌握 CSS 选择器、单位、颜色的知识。

⑥ 掌握 CSS 字体、文本、背景、区块属性的知识。

⑦ 掌握 CSS 盒模型、浮动、布局的知识。

⑧ 掌握 CSS3 选择器、边框特性、颜色、字体、盒阴影、背景特性的知识。

⑨ 掌握 CSS3 动画效果、过渡效果、多列布局及弹性布局的知识。

⑩ 掌握视口、媒体查询等响应式布局的知识。

（2）基本技能方面

① 能熟练创建和调试 HTML5 项目。

② 能熟练使用 HTML 文本标签、头部标记、页面创建超链接、创建表格表单功能开发网页。

③ 能熟练使用 HTML5 新增语义化元素、页面增强元素与属性及多媒体元素等功能开发网页。

④ 能熟练使用 CSS 设计网页样式。

⑤ 能熟练使用 CSS 美化网页样式。

⑥ 能熟练使用 CSS3 的选择器、盒模型、过渡、动画等属性美化网页。

⑦ 能熟练使用 CSS3 的边框特性、颜色、字体、盒阴影、背景特性、多列布局、弹性布局等功能美化网页。

（3）职业素养方面

① 能够完成真实业务代码的转化。

② 能够独立分析并解决问题。

③ 能够快速准确地查找参考资料。

④ 能够与小组其他成员通力合作。

学习组织形式与方法

亲爱的同学，欢迎你学习《HTML5+CSS3 Web 前端开发技术》课程！

与你过去使用的传统教材相比，本教材能够帮助你更好地了解未来的工作及其要求。通过本教材你将学习到如何使用 HTML5 和 CSS3 技术进行 Web 前端开发的核心的、典型的工作，促进你的综合职业能力发展，使你有可能在短时间内成为 Web 前端开发的技术能手。

在正式开始学习之前请你仔细阅读以下内容，了解即将开始的全新教学模式，做好相应的学习准备。

（1）主动学习

在学习过程中，你将获得与以往完全不同的学习体验，你会发现与传统课堂以讲授为主的教学有着本质的区别——你是学习的主体，自主学习将成为本课程的主旋律。工作能力只有通过自己亲自实践才能获得，而不能依靠教师的知识传授与技能指导。在工作过程中获得的知识最为牢固，而教师在你的学习和工作过程中会对你进行方法的指导，为你的学习和工作提供帮助。

（2）用好工作活页

首先，你要深刻理解学习情境的每一个学习目标，利用这些目标指导自己的学习并评价自己的学习效果；其次，你要明确学习内容的结构，在引导问题的帮助下，尽量独立地去学习并完成包括填写工作活页内容等整个学习任务；同时你可以在教师和同学的帮助下，通过互联网查阅相关资料，学习重要的工作过程知识；再次，你应当积极参与小组讨论，去尝试解决复杂和综合性的问题，进行工作质量的自检和小组互检，并注意程序的规范化，在多种技术实践活动中形成自己的技术思维方式；最后，在完成一个工作任务后，反思是否有更好的方法或能用更少的时间来完成工作目标。

（3）团队协作

课程的每个学习情境都是一个完整的工作过程，大部分的工作需要团队协作才能完成。教师会帮助大家划分学习小组，但要求各小组成员在组长的带领下，制订可行的学习和工作计划，并合理地安排学习与工作时间，分工协作，互相帮助，互相学习，广泛开展交流，大胆发表你的观点和见解，按时、保质保量地完成任务。你是小组的一员，你的参与和努力是团队完成任务的重要保证。

（4）把握好学习过程和学习资源

学习过程是由学习准备、计划、实施和评价反馈所组成的完整过程。你要养成理论与实践紧密结合的习惯，教师引导、同学交流、在学习中观察与独立思考、动手操作及评价反思都是专业技术学习的重要环节。

学习资源可以参阅每个学习情境的知识准备和相关案例。此外，你也可以通过互联网等途径获得更多的专业技术信息，这将为你的学习和工作提供更多的帮助和技术支持，拓展你的学习视野。

预祝你学习取得成功，早日成为 Web 前端开发方面的能手！

学习情境设计

表 0-1　学习情境介绍

序号	学习情境	任务简介	学时
1	制作 HTML5 欢迎页面	开发一个简单的 HTML5 欢迎页面，完成开发环境的配置及对 HTML5 页面基本结构的搭建及预览调试	2
2	制作招聘网站账号登录页面	开发一个招聘网站的登录页面，完成页面的整体框架设计，完成页首、页脚、导航栏、页面背景及表单板块的实现	6
3	制作招聘网站求职申请页面	开发一个招聘网站的求职申请页面，完成页面的整体框架设计和页面布局，以及输入框、下拉框和按钮的样式实现	6
4	制作招聘网站用户注册页面	开发一个招聘网站的注册页面，完成页面的整体框架设计，以及文本框、复选框和按钮的样式实现	6
5	制作招聘网站职位列表页面	开发一个招聘网站的职位列表页面，完成页面的整体框架设计，以及搜索栏、筛选栏、项目列表板块的实现	8
6	制作招聘网站职位详情页面	开发一个招聘网站职位详情页面，完成页面的整体框架设计和内容板块及弹性布局、响应式布局的实现	8
7	制作招聘网站首页	开发一个招聘网站的首页，完成页面的整体框架设计，以及页首、页脚、导航栏、宣传栏视频、轮播图和其他内容板块的实现	12
8	制作企业网站首页	开发一个企业网站的首页，完成页面的整体框架设计，完成页首、页脚、导航栏、轮播图和其他内容板块，以及美化动效的实现。	12
9	开发微型播放器微信小程序	开发一个简单的播放器小程序，完成视频播放控制及发送弹幕功能的实现	4
10	开发网上店铺微信小程序	开发一个网上店铺微信小程序页面，完成商品列表展示、购物车商品数量进行加减、购物车列表隐藏/显示功能的实现	8

学业评价

针对每一个学习情境，教师对学生的学习情况和任务完成情况进行评价。表 0-2 为各学习情境的评价权重，表 0-3 为对每个学生进行学业评价的参考表格。

表 0-2　学习情境评价权重表

序号	学习情境	权重
1	制作 HTML5 欢迎页面	5%
2	制作招聘网站账号登录页面	10%
3	制作招聘网站求职申请页面	10%
4	制作招聘网站用户注册页面	10%
5	制作招聘网站职位列表页面	10%
6	制作招聘网站职位详情页面	10%
7	制作招聘网站首页	15%
8	制作企业网站首页	20%
9	开发微型播放器微信小程序	5%
10	开发网上店铺微信小程序	5%
合计		100%

表 0-3　学业评价表

学号	姓名	学习情境 1	学习情境 2	……	学习情境 10	总评

单元 1　制作 HTML5 页面

超文本标记语言 HTML（Hyper Text Markup Language）是一种用于创建网页的标准标记语言。在本单元中，我们将学习如何使用 HTML 来创建站点，学会制作简单的 HTML5 页面，以便将来能够制作出更多更丰富的网站页面。单元 1 教学导航如表 1-1 所示。

教学导航

表 1-1　单元 1 教学导航

知识重点	HBuilder 的下载、安装及基本操作 Web 项目目录结构 HTML5 基本结构 HTML5 文档声明的用法 HTML5 头部标签的用法 页面预览调试
知识难点	HTML 基本结构
推荐教学方式	从学习情境入手，通过引导学生下载、安装 HBuilder，创建 Web 项目，使用 HTML5 制作一个 Web 页面，让学生掌握 HBuilder 编辑器的基本操作、HTML5 基本结构。通过引导学生查看网页让学生掌握页面调试预览方法，了解网站相关术语
建议学时	2 学时
推荐学习方法	HBuilder 是一个轻巧、极速、高效的国产前端开发编辑器，需在学习情境中熟悉其操作方式；HTML5 基本结构简单，但它是网页开发的基石，需要重点理解，通过网页制作过程掌握其内涵
必须掌握的理论知识	Web 项目目录结构 HTML5 文档声明 HTML5 基本结构标签<html><head><body> HTML5 头部标签<meta><title>
必须掌握的技能	下载、安装 HBuilder 使用 HBuilder 创建 Web 项目 使用 HTML5 代码创建网页 使用浏览器进行页面预览调试

学习情境 1　制作 HTML5 欢迎页面

学习情境描述

1．教学情境

本学习情境的任务是制作一个 HTML5 欢迎页面，并预览调试。创建的 Web 项目文件结构如图 1-1 所示，网页最终效果如图 1-2 所示。

在本学习情境中，需要学会掌握 HBuilder 编辑器的各种基本操作，如下载、安装 HBuilder 编辑器，创建 Web 项目，创建 HTML 文档等；掌握文档声明、头部标签的用法，以及 HTML5

基本结构；熟练掌握基础知识、技能，为后续新知识、新技能的掌握奠定基础。

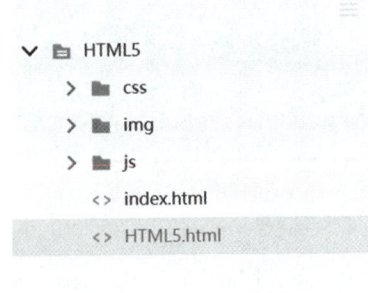

图 1-1 Web 项目目录结构

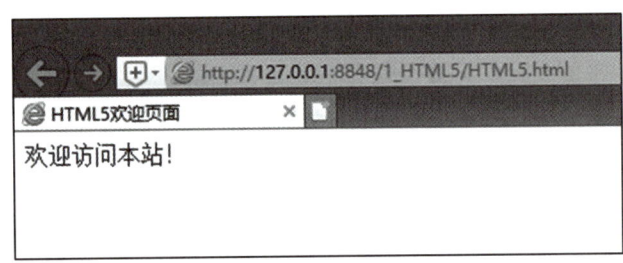

图 1-2 HTML5 欢迎页面最终效果

2．关键知识点

（1）HTML5 基本结构。

（2）HTML5 文档声明的用法。

（3）HTML5 头部标签的用法。

3．关键技能点

（1）使用 HBuilder 创建 Web 项目。

（2）使用 HBuilder 创建 HTML5 网页。

学习目标

1．掌握 HBuilder 创建 Web 项目的方法。

2．掌握 HBuilder 创建 HTML5 网页的方法。

3．掌握网页的预览调试方法。

任 务 书

根据学习目标，开发一个 HTML5 页面，完成对 HTML5 页面基本结构的搭建及预览调试。

获取信息

引导问题：

1．按网页内容划分，网页有哪些类型？

2．如何查看网页的源代码？

工作计划

1．制订工作方案（见表 1-2）

表 1-2　工作方案

步骤	工作内容

2．设计出此页面的功能

3．列出工具清单（见表 1-3）

表 1-3　工具清单

序号	名称	版本	备注

4．列出技术清单（见表 1-4）

表 1-4　技术清单

序号	名称	版本	备注

进行决策

1．根据引导、构思、计划等，各自阐述自己的设计方案。

2．对其他人的设计方案提出自己不同的看法。

3．教师结合大家完成的情况进行点评，选出最佳方案，并写出最佳方案。

_____

_____

_____

知识准备

"制作 HTML5 欢迎页面"知识分布网络如图 1-3 所示。

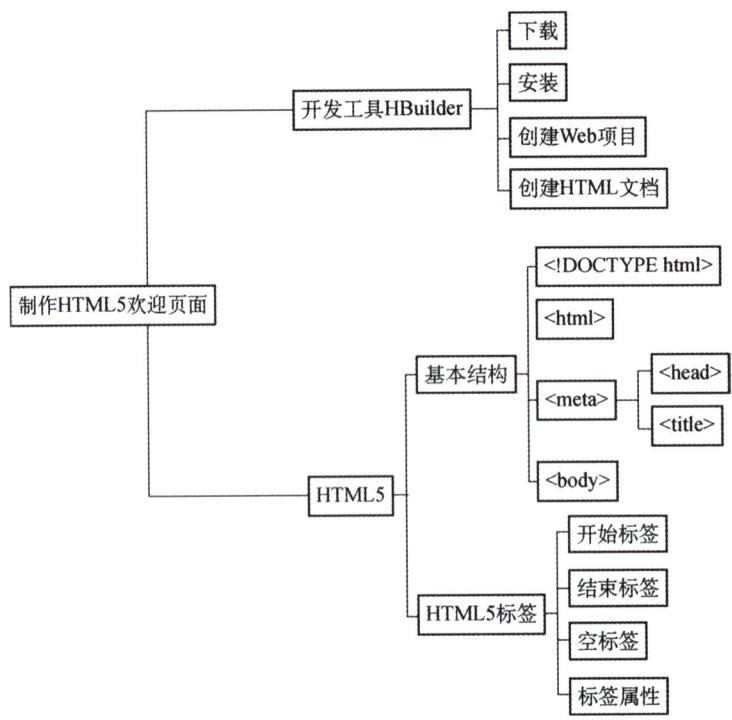

图 1-3　"制作 HTML5 欢迎页面"知识分布网络

1.1.1　HBuilder 工具下载、安装

HBuilder 是一款国产、开源的开发工具，绿色发行包仅 10MB，不管是启动速度、大文档打开速度，还是编码提示，都响应迅速，安装方便，简单实用，是开发 HTML 和 CSS 的利器。

（1）HBuilder 下载

HBuilderX 下载地址为 https://www.dcloud.io/hbuilderx.html。

（2）HBuilder 安装

HBuilder 下载后为 zip 压缩文件，解压后才能使用。如图 1-4 所示，首先，选中下载的 zip 包，单击右键，选择"解压到当前文件夹"；然后进入解压后的文件夹，找到 HBuilderX.exe，直接单击打开。

HBuilder 安装

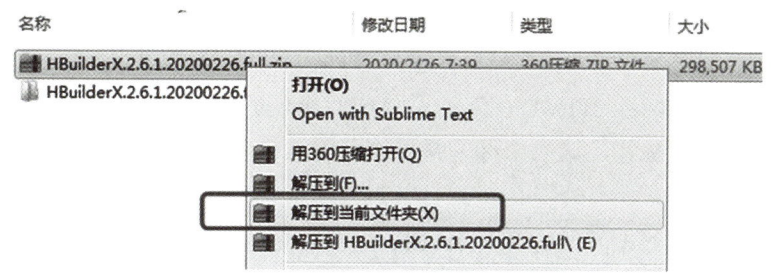

图 1-4　HBuilder 压缩文件

需要避免以下两种错误的打开方式：在压缩包中，直接双击打开 HBuilderX.exe 是错误的；从压缩包中，把 HBuilderX.exe 拖到桌面上打开也是错误的。

1.1.2 HTML5

HTML 指超文本标记语言（Hyper Text Markup Language），是一种用来描述网页的语言。HTML 不是一种编程语言，而是一种标记语言，它使用标记标签来描述网页。HTML 文档就等于我们所见的网页，浏览器能够读取 HTML 文档，并以网页的形式显示出它们。

HTML5 是最新的 HTML 标准，拥有新的语义、图形及多媒体元素，提供的新元素和新的 API 简化了 Web 应用程序的搭建。

1.1.3　HTML5 基本结构

HTML5 最基本的结构，即最小的 HTML5 文档，其内容如下。

示例：

```
<!DOCTYPE html>
<html>
<head>
    <meta charset="utf-8">
    <title></title>
</head>
<body>
</body>
</html>
```

<!DOCTYPE html>声明当前文档为 HTML5 文档，必须位于 HTML5 文档中的第一行。

<html> 元素是 HTML 页面的根元素。

<head> 元素包含了文档的元数据、标题、外部引入的文件等，这些内容不会显示在客户端，但是会被浏览器解析。

<meta> 标签提供了 HTML 文档的元数据。元数据通常用于指定网页的描述、关键词、文件的最后修改时间、作者及其他元数据。如 <meta charset="utf-8"> 定义网页编码格式为 utf-8，中文网页需要使用 <meta charset="utf-8"> 声明编码，否则可能出现乱码。

<title> 元素描述了文档的标题，会显示在浏览器的标题栏。

<body> 元素包含了可见的页面内容，即只有<body>元素的开始标记和结束标记之间的内容会在浏览器中显示。

1.1.4 HTML5 标签

HTML 标记标签通常被称为 HTML 标签或 HTML 元素。HTML 标签是由尖括号 "<>" 包围的关键词，如 "<html>"；HTML 标签通常是成对出现的，比如 "<a>" 和 "</a>"，标签对中的第一个标签是开始标签，第二个标签是结束标签，也被称为开放标签和闭合标签。HTML 标签解释了网页的内容。

开始标签与结束标签之间的内容是 HTML 元素的内容，某些 HTML 元素具有空内容，空元素在开始标签中关闭，没有单独的关闭标签，如 "<br />"；大多数 HTML 元素可拥有属性，属性书写在开始标签中，形式为：属性名="属性值"。

相关案例

1. 创建 Web 项目

下载安装 HBuilder 开发工具并启动，在启动的 HBuilder 开发工具中，依次选择"文件"—"新建"—"1.项目"，创建 Web 项目，如图 1-5 所示；也可以直接单击主界面中的"新建项目"。

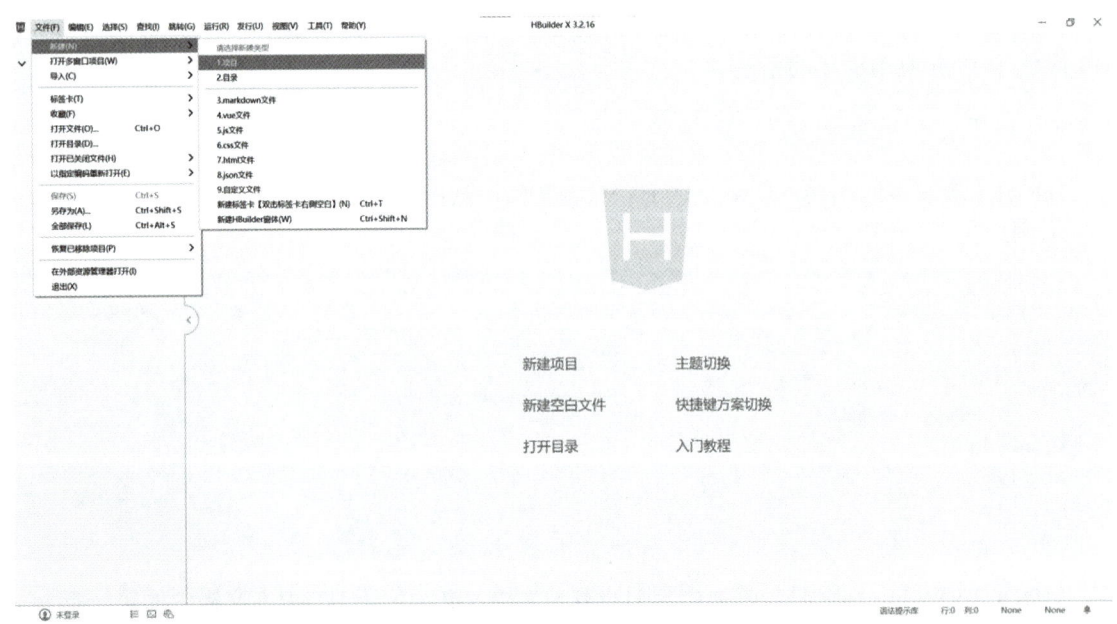

图 1-5　创建 Web 项目

如图 1-6 所示，在弹出的"新建项目"面板中，默认创建"普通项目"，填入"项目名称"，单击"浏览"并选择项目存储路径，选择"基本 HTML 项目"模板，单击"创建"按钮完成 Web 项目创建。

图 1-6　HBuilder 创建 Web 项目

创建完成的 Web 项目目录结构如图 1-7 所示，上一步骤中填入的"项目名称"即 Web 项目根目录，内部包含 css、img、js 三个文件夹，css 文件夹存储网页样式文件、img 文件夹存储网页所需图片资源，js 存储 JavaScript 脚本文件。

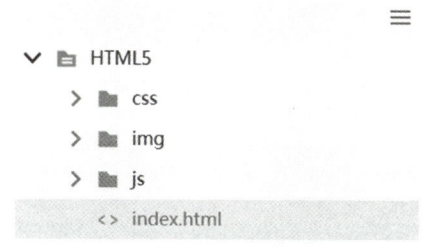

图 1-7　创建 Web 项目目录结构

2. 创建 HTML5 网页

在 HBuilder 开发工具左侧的项目管理器中，右键单击根目录"HTML5"，依次选择"新建"—"7.html 文件"菜单，创建 HTML 页面，如图 1-8 所示。

在弹出的"新建 html 文件"面板中填入网页文件名称，选择"default"模板，单击"创建"按钮完成 HTML5 网页创建，如图 1-9 所示。

在项目管理器中，单击创建完成的 HTML5 网页，文档在右侧打开，进入编辑界面，如图 1-10 所示。

（制作 HTML5 欢迎页面）

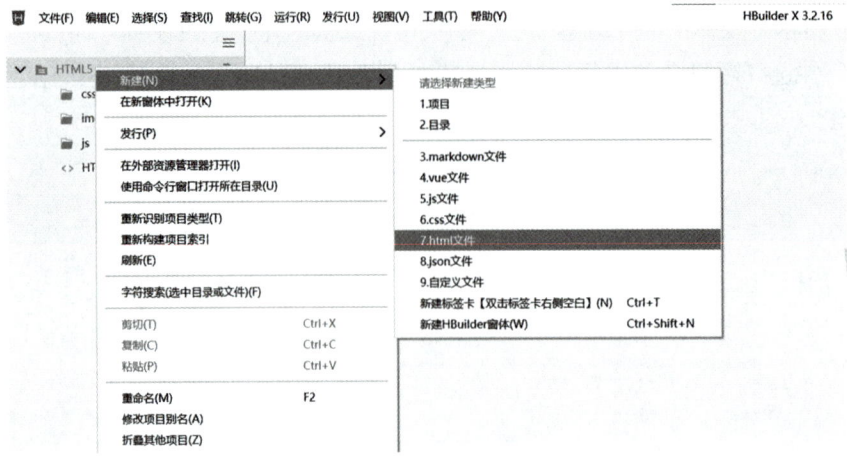

图 1-8　创建 HTML5 网页文件

图 1-9　创建 HTML5 网页文件

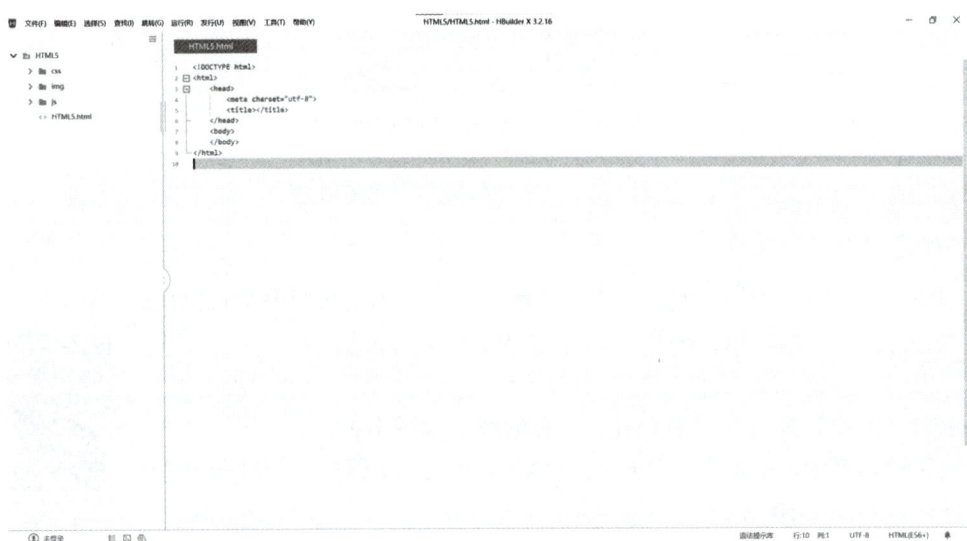

图 1-10　编辑 HTML5 网页文件

3. 制作 HTML5 欢迎页面

在打开的 HTML5.html 文件中编写 HTML 代码，在<title></ title >标记之间设置网页标题，在<body></body>标记之间输入网页内容。示例代码如下：

```
<!DOCTYPE html>
<html>
<head>
    <meta http-equiv="Content-Type" content="text/html; charset=UTF-8">
    <title>HTML5 欢迎页面</title>
</head>
<body>
    欢迎访问本站！
</body>
</html>
```

4. 预览调试页面

如图 1-11 所示，选择"运行"—"运行到浏览器"—"Chrome"菜单，HBuilder 将启动内置服务器，并通过内置服务器运行网页。可供选择的浏览器包括 Chrome、Firefox、IE、Edge，其中 Chrome、Firefox、Edge 对 HTML5、CSS3 有较好支持及完善的网页调试工具。

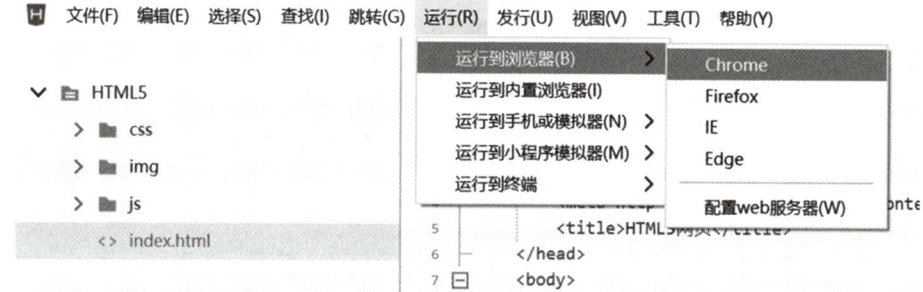

图 1-11　运行预览网页

网页预览效果如图 1-12 所示。

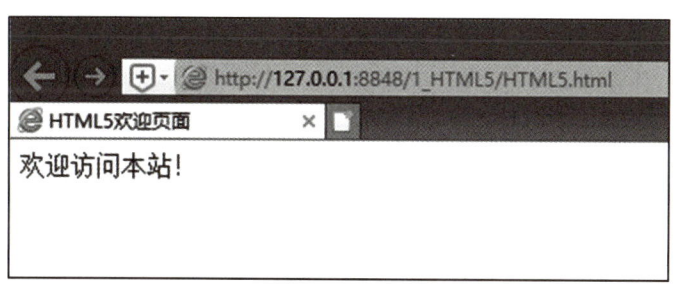

图 1-12　网页预览效果

上面所述主流浏览器均提供开发人员调试工具，在浏览器的页面上使用键盘上的 F12 按键可以开启调试模式，也可以通过浏览器"菜单"—"更多工具"—"开发者工具"开启调试模式。

调试模式窗口如图 1-13 所示，可以看到当前网页的组成标签，鼠标选中页面中的元素，可以在调试窗口定位到其 HTML 代码，在右侧栏目中查看其样式。

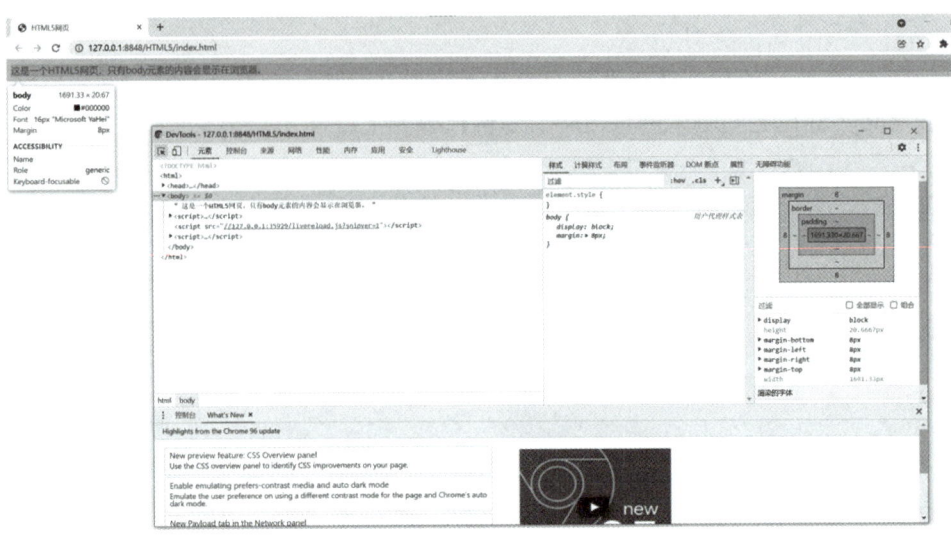

图 1-13　调试模式窗口

工作实施

根据知识准备和工作计划，参考相关案例，完成 HTML5 基础页面的开发制作。

填写如表 1-5 所示的人员分工清单

表 1-5　人员分工清单表

人员姓名	工作任务	备注

评价反馈

各自完成学习情境的开发并展示作品，介绍任务的完成过程。作品展示前应准备阐述材料，并完成评价表 1-6、表 1-7、表 1-8。

1．学生进行自我评价。

表 1-6　学生自评表

班级：		姓名：		学号：	
学习情境 1		制作 HTML5 欢迎页面			
评价项目	评价标准			分值	得分
开发工具下载及安装	能够完成 HBuilder 开发工具的下载及安装			10	
创建 Web 项目	能够完成 Web 项目的创建			10	
创建 HTML 文件	能够完成 HTML 文件的创建			10	

（续表）

班级：	姓名：	学号：		
学习情境 1	制作 HTML5 欢迎页面			
评价项目	评价标准		分值	得分
网页标题	能够完成页面标题设置		25	
网页内容	能够完成网页内容制作		25	
小组协调	小组成员能够合理分工、互相配合完成任务		10	
工作质量	根据项目开发过程及成果评定工作质量		10	
合计			100	

2. 学生展示过程中，以个人为单位，对以上学习情境的结果进行互评。

表 1-7　学生互评表

学习情境 1		制作 HTML5 欢迎页面									
评价项目	分值	等级							评价对象			
									1	2	3	4
计划合理	10	优	10	良	9	中	8	差	6				
方案准确	10	优	10	良	9	中	8	差	6				
工作质量	20	优	20	良	18	中	15	差	12				
工作效率	15	优	15	良	13	中	11	差	9				
工作完整	10	优	10	良	9	中	8	差	6				
工作规范	10	优	10	良	9	中	8	差	6				
识读报告	10	优	10	良	9	中	8	差	6				
成果展示	15	优	15	良	13	中	11	差	9				
合计	100												

3. 教师对学生工作过程和工作结果进行评价。

表 1-8　教师综合评定表

班级：	姓名：	学号：		
学习情境 1	制作 HTML5 欢迎页面			
评价项目		评价标准	分值	得分
考勤（20%）		无无故迟到、早退、旷课现象	20	
工作过程（50%）	环境管理	能正确、熟练使用 HBuilder 工具管理开发环境	5	
	方案制作	能根据技术能力快速、准确地制订工作方案	5	
	开发工具下载安装	能够完成 HBuilder 开发工具的下载及安装	5	
	创建 Web 项目	能够完成 Web 项目的创建	5	
	创建 HTML 文件	能够完成 HTML 文件的创建	5	
工作过程（50%）	网页标题	能够完成页面标题设置	7	
	网页内容	能够完成网页内容制作	8	
	工作态度	态度端正，工作认真、主动	5	
	职业素质	能做到安全、文明、合法，爱护环境	5	

（续表）

班级：		姓名：		学号：	
学习情境 1		制作 HTML5 欢迎页面			
评价项目		评价标准		分值	得分
项目 成果 （30%）	工作完整	能按时完成任务		5	
	工作质量	能按计划完成工作任务		15	
	识读报告	能正确识读并准备成果展示各项报告材料		5	
	成果展示	能准确表达、汇报工作成果		5	
合计				100	

拓展思考

1. 参考本学习情境，思考网站在进行页面设计时涉及哪些页面元素？
2. 参考本学习情境，思考网页头部的元信息可以包含哪些信息？有什么作用？

单元 2　制作表单页面

教学导航

　　网站表单页面通常是信息采集页面，包含多项不同类型数据的输入框。本单元将学习制作一个招聘网站的登录、注册、求职页面，这三个页面的内容板块具有一定的通用性和代表性，通过举一反三，我们可以制作出类似的网站表单页面。单元 2 教学导航如表 2-1 所示。

表 2-1　单元 2 教学导航

知识重点	HTML5 语义和结构标签的用法 HTML5 表单元素的用法 HTML5 表格元素的用法 CSS3 背景设置的用法 CSS3 伪类选择器的用法 CSS3 属性选择器的用法 CSS3 伪元素选择器的用法 CSS3 文字水平、垂直方向居中的实现方法 CSS3 阴影效果的用法 CSS3 圆角的用法 CSS3 居中布局的实现方法 CSS3 左右布局的实现方法
知识难点	HTML5 新增表单元素的用法 CSS3 伪类、伪元素、属性选择器的用法 CSS3 居中布局、左右布局的实现方法
推荐教学方式	从学习情境入手，通过引导学生制作一个招聘网站的登录Web页面，让学生掌握HTML5语义结构元素、表单元素的用法和CSS3背景设置、伪类选择器的用法；通过引导学生制作一个招聘网站的注册 Web 页面，让学生掌握 CSS3 伪元素选择器的用法、居中布局的实现方法；通过引导学生制作一个招聘网站的求职 Web 页面，让学生掌握 HTML 表格的用法、CSS3 属性选择器的用法、左右布局的实现方法
建议学时	18 学时
推荐学习方法	网站的表单页面通常是一个信息采集页面，主要运用 HTML5 表单元素及其属性，同时涉及多种 CSS3 选择器及属性，需重点理解新知识点，实现效果图中的网页
必须掌握的理论知识	<header><nav><article><section><footer>等语义结构标签 date、number、file 等新增 input 标签类型及其他属性 background 样式属性 :hover 伪类选择器 :before、:after 伪元素选择器 box-shaodw 样式属性 float 样式属性 position 样式属性
必须掌握的技能	使用 HTML5 语义结构元素、表单元素开发网页 使用 CSS3 伪类、伪元素、属性选择器美化网页 使用 CSS3 背景属性美化网页 使用 CSS3 阴影、圆角属性美化网页 使用 CSS3 浮动、定位属性美化网页

学习情境 2　制作招聘网站账号登录页面

学习情境描述

1．教学情境

本学习情境的任务是制作一个招聘网站的登录页面，最终效果如图 2-1 所示。在本学习情境中，我们需要考虑与网站登录页面制作相关的各种内容，如页头、页脚、导航条、背景、表单等，通过将新学的知识、技能与前面学习的内容相结合，进行综合运用，从而完成招聘网站登录页面的开发制作。

图 2-1　招聘网站登录页面预期效果图

2．关键知识点

（1）HTML 布局方式的介绍。

（2）DIV 元素的使用方式。

（3）INPUT 元素的使用方式。

（4）BUTTON 元素的使用方式。

（5）HEADER 元素的使用方式。

（6）FOOTER 元素的样式设计。

（7）CSS 盒模型（margin 属性、padding 属性）的使用。

（8）CSS 字体样式的使用。

（9）CSS 文本元素布局的使用。

3．关键技能点

（1）使用自定义的样式库并应用在相应的元素上面。

（2）调整元素在页面上的布局使之更加符合网站布局的要求。

（3）工程导入样式库的方式（外部引入、本页面自定义）。

学习目标

1. 掌握页面中 DIV、INPUT、SPAN、BUTTON、HEADER、FOOTER 等元素的样式设计。
2. 掌握页面中登录页头、页脚元素的样式设计方法。

任 务 书

1. 完成招聘网站登录页面的整体框架设计。
2. 实现招聘网站登录页面的页头、页脚效果。
3. 实现招聘网站登录页面的导航栏。
4. 实现招聘网站登录表单板块。

获取信息

引导问题：

1. 在哪些设备上需要设计登录页面？

_____

_____

2. 在不同的设备上设计时需要考虑哪些因素？

_____

_____

工作计划

1. 制订工作方案（见表 2-2）

表 2-2　工作方案

步骤	工作内容

2．设计出此页面的功能

3．列出工具清单（见表 2-3）

表 2-3　工具清单表

序号	名称	版本	备注

4．列出技术清单（见表 2-4）

表 2-4　技术清单表

序号	名称	版本	备注

进行决策

1．根据引导、构思、计划等，各自阐述自己的设计方案。
2．对其他人的设计方案提出自己不同的看法。

3．教师结合大家完成的情况进行点评，选出最佳方案，并写出最佳方案。

_____

_____

_____

知识准备

"制作招聘网站账号登录页面（HTML）"知识分布网络如图 2-2 和图 2-3 所示。

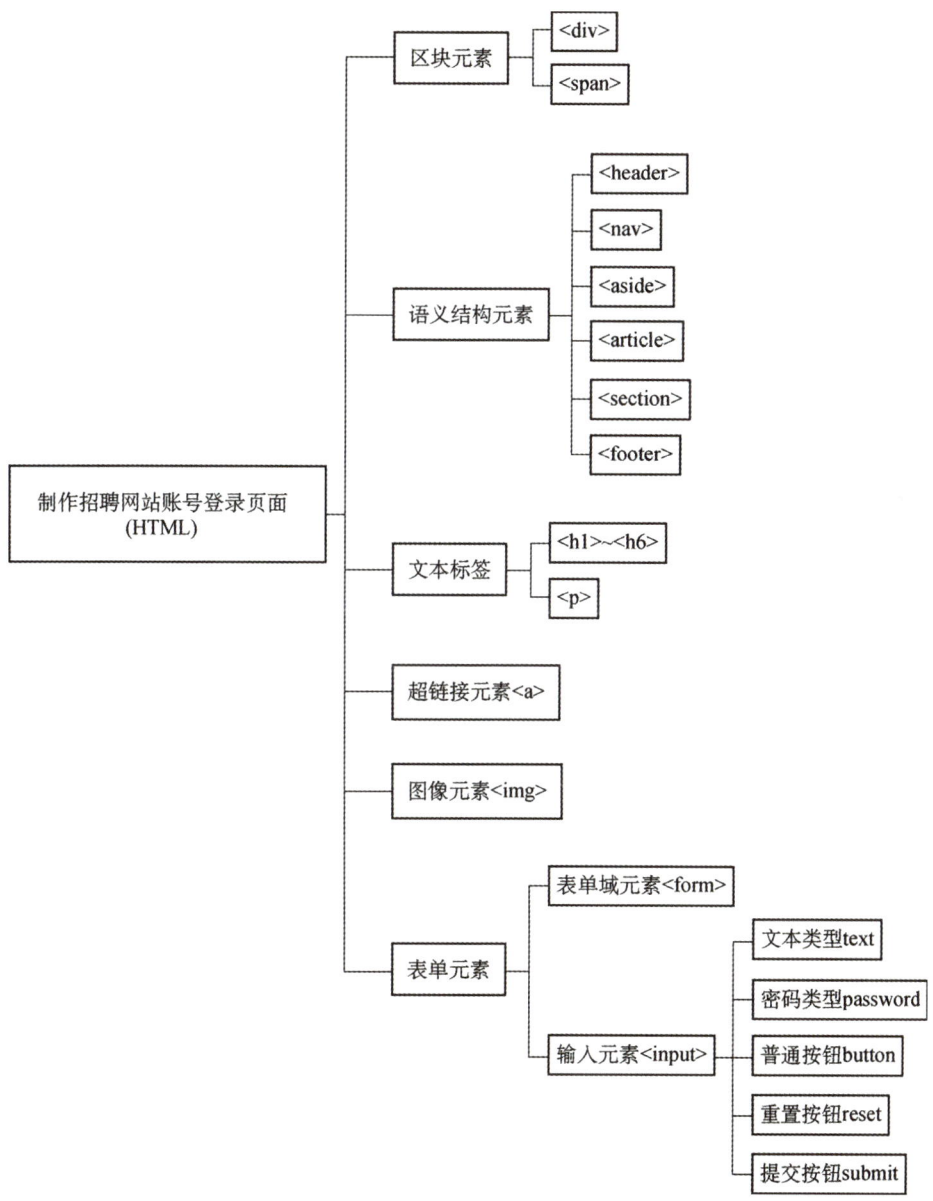

图 2-2　"制作招聘网站账号登录页面（HTML）"知识分布网络 1

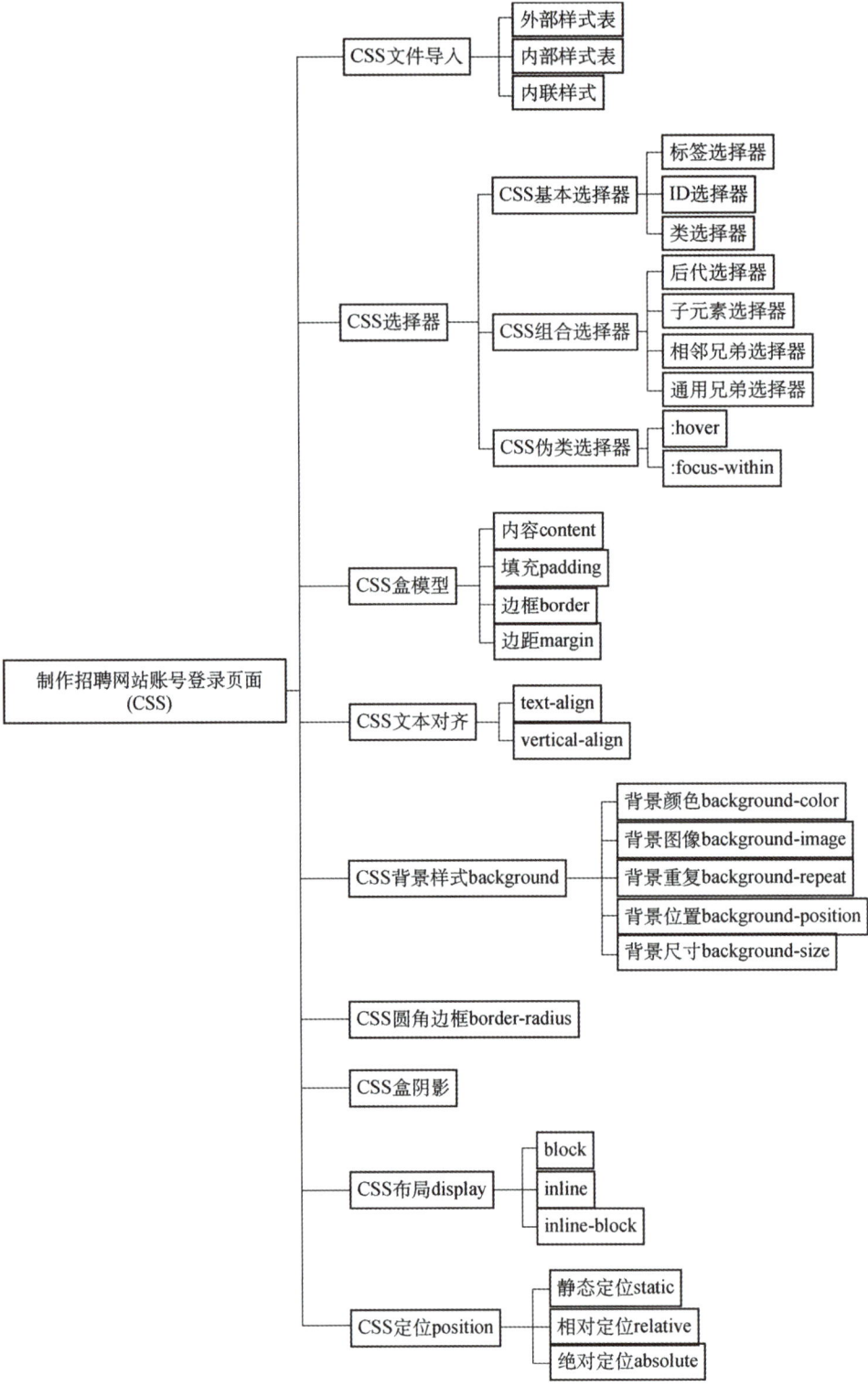

图 2-3 "制作招聘网站账号登录页面（HTML）"知识分布网络 2

2.1.1　区块元素

　　进行网站页面设计时，我们需要考虑网页的布局方式，布局方式即网页内各功能模块的排版方式。布局不仅影响网页的整体风格，还影响用户体验，是网站页面设计最重要的步骤之一。

（div、span、h 标签）

　　在进行布局之前，首先需要划分功能模块，大多数 HTML 元素被定义为块级元素或内联元素。块级元素在浏览器显示时，默认会从新的一行开始，并占据父元素的全部宽度；内联元素在显示时不会从新行开始，默认宽度为其内容的必要宽度。

1.　块级元素<div>

　　<div> 元素是块级元素，用来定义文档的区域，作为包裹其他 HTML 元素的容器。

示例：

```
<body>
标题
正文
</body>
<body>
<div>标题</div>
<div>正文</div>
</body>
```

　　<div> 元素没有特定的含义，由于它属于块级元素，因此使用<div>包裹的内容被划分为单独的块，浏览器会使其在新的一行中显示。<div> 元素的一个常见的用途是进行页面布局。

2.　内联元素<span>

　　<span> 元素是内联元素，用来组合文档中的行内元素，可用作文本的容器。<span> 元素也没有特定的含义，通常结合 CSS 使用为部分文本设置样式属性。

2.1.2　语义结构元素

　　HTML5 新增了大量语义元素，语义元素即拥有语义的元素，能够清楚地向浏览器和开发者描述其意义。非语义元素如前面介绍的<div> 和 <span>，无法提供关于其内容的信息；而语义元素如<header>、<footer>清晰地定义了其包裹的内容分别是文档的头部区域和页脚。

　　HTML5 提供了定义页面不同部分的新语义元素，如表 2-5 所示。

表 2-5　常用语义结构元素

标签	描述
<article>	定义页面独立的内容区域
<aside>	定义页面的侧边栏内容
<footer>	定义 section 或 document 的页脚
<header>	定义文档的头部区域
<nav>	定义导航链接的部分
<section>	定义文档中的节（section、区段）

　　各语义结构元素对应网页组成部分如图 2-4 所示。

2.1.3　文本标签

　　文本内容是网页中不可缺少的组成部分，包括标题及段落。

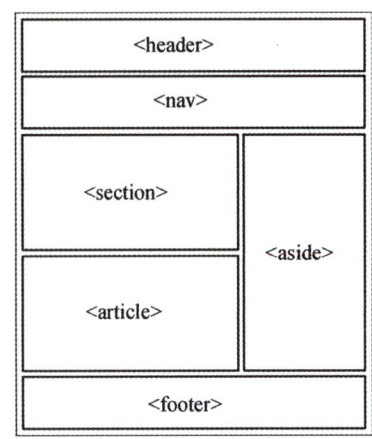

图 2-4 语义结构元素对应网页组成部分

1. 标题元素<h1>~<h6>

标题通过 <h1>~<h6> 标签进行定义，<h1>用作最重要的主标题，其后是次重要的<h2>，再其次是<h3>，以此类推。浏览器会自动在标题的前后添加空行。

示例：

```
<h1>这是一级标题</h1>
<h2>这是二级标题</h2>
<h3>这是三级标题</h3>
<h4>这是四级标题</h4>
<h5>这是五级标题</h5>
<h6>这是六级标题</h6>
```

搜索引擎使用标题为网页的结构和内容编制索引，用户可以通过标题快速浏览网页，所以用标题呈现文档结构是很重要的。

2. 段落元素<p>

HTML 允许我们将文本分割为若干段落，段落通过 <p> 标签定义。<p> 是块级元素，因此每个段落会从新的一行开始显示，浏览器会自动在段落的前后添加空行。

在显示页面时，浏览器会移除源代码中多余的空格和空行，所有连续的空格、换行、空行都会被算作一个空格。当我们需要在段落中显示多个空格时，可以使用字符实体 " "；希望在不产生新段落的情况下进行换行时，可以使用
 标签。

示例：

```
<p>这个段落          在源代码中
包含多个换行及大量空格
 但是浏览器忽略了它们
均只保留为一个空格
<br />换行应当使用&lt;br /&gt; 标签<br />
空多格        使用字符实体 
</p>
```

执行结果如图 2-5 所示。

这个段落在源代码中包含多个换行及大量空格但是浏览器忽略了它们均只保留为一个空格
换行应当使用
标签
空多格   使用字符实体

图 2-5 浏览器文本渲染结果

2.1.4　超链接元素<a>

HTML 使用标签 <a>来设置超文本链接。HTML 使用超链接可以与网络上的另一个文档相连，几乎所有网页内容中都包含超链接。超链接可以是文字，也可以是图片，单击超链接就能够从一个页面跳转到另一个页面或者当前页面中的某个部分。<a>元素的常用属性如表 2-6 所示。

表 2-6　<a>元素常用属性

属性	值	描述
download	filename	指定下载链接
href	URL	规定链接的目标 URL
hreflang	language_code	规定目标 URL 的基准语言。仅在 href 属性存在时使用
media	media_query	规定目标 URL 的媒介类型。默认值为 all。仅在 href 属性存在时使用
rel	alternate author bookmark help license next nofollow noreferrer prefetch prev search tag	规定当前文档与目标 URL 之间的关系。仅在 href 属性存在时使用
target	_blank _parent _self _top framename	规定在何处打开目标 URL。仅在 href 属性存在时使用 _blank：在新窗口中打开 _parent：在父窗口中打开链接 _self：默认，当前页面跳转 _top：在当前窗体打开链接，并替换当前的整个窗体（框架页）
type	MIME_type	规定目标 URL 的 MIME 类型。仅在 href 属性存在时使用 注：MIME = Multipurpose Internet Mail Extensions

示例：

```
<a href="https://www.baidu.com/" target="_blank" rel="noopener noreferrer">
前往百度搜索</a>
```

<a>元素使用 href 属性描述链接的地址，使用 target 属性定义被链接的网页打开方式。

2.1.5　图像元素<img>

在 HTML 中使用<img> 标签定义图像，<img>是空标签，即它只包含属性，没有闭合标签。<img>元素必需的属性是 src，即资源 "source"，该属性指向图像的存储位置，即 URL 地址。此外，可以使用 alt 属性为图像定义一串预备的可替换的文本，浏览器无法载入图像时，将显示 alt 属性值，告知用户未能成功加载的内容，有助于更好地显示信息。

示例：

```
<img src="logo.png" alt="Brand Logo" />
```

2.1.6　表单元素

HTML 表单用于收集用户输入的信息，不同类型的数据需要使用不同的表单元素。

1. 表单域元素<form>

HTML 使用<form>标签设置表单域，表单域是一个包含表单元素的区域，可以视为一个容器，表单元素是允许用户在其中输入内容的元素。

2. 输入元素<input>

输入元素<input>是使用最多的表单元素，允许用户输入数据的类型由<input>元素的 type 属性定义。在登录页面制作情境中，应用最广泛的输入类型包括文本类型与密码类型。

（1）文本类型 text

当需要用户在表单中键入字母、数字等内容时，使用文本类型输入元素，文本类型通过定义<input>元素的属性 type="text"实现。

（2）密码类型 password

当需要用户在表单中输入密码等保密内容时，使用密码类型输入元素，密码类型通过定义<input>元素的属性 type="password"实现。

（3）普通按钮 button

当用户想要清空表单、编辑表单、提交表单时，表单中需要提供按钮以便操作。

按钮也是输入元素<input>的一种类型，可以通过<input type="button">来定义一个普通按钮，其功能需要结合 JavaScript 技术实现。

（4）重置按钮 reset

<input type="reset"> 可以定义特殊的重置按钮，当用户单击重置按钮时，表单中填入的内容会被清空，恢复原始状态。

（5）提交按钮 submit

<input type="submit"> 可以定义特殊的提交按钮，当用户单击提交按钮时，表单中填入的内容会被传送到网站服务器进行相关的处理。

示例：

```
<form>
用户名：<input type="text" name="username" placeholder="手机/邮箱"><br />
密码：<input type="password" name="password" placeholder="请输入 6-16 位密码"><br
/>
<input type="reset" value="清空">
<input type="submit" value="登录">
<input type="button" value="去注册">
</form>
```

此外，如果想为输入元素设置简短的提示信息，以告知用户此处预期输入的内容，可以使用 placeholder 属性进行定义；当输入元素为按钮时，value 属性设置了按钮上显示的功能提示文字；name 属性规定 <input> 元素的名称。

3. 按钮元素<button>

HTML 也允许我们使用<button>标签定义一个按钮，它有三种类型，即其 type 属性可选的值有 button、reset、submit，功能与<input>元素创建的按钮相似，此处不做赘述。

<button> 元素内部可以放置内容，比如文本或图像。这是该元素与使用 <input> 元素创建的按钮之间的不同之处。

示例：

```
<button type="button">
```

选择器是需要改变样式的 HTML 元素。

每条声明由一个属性和一个值组成，属性是希望设置的样式属性，每个属性有一个值，属性和值以冒号":"分隔；每条声明以分号";"结束。

同一选择器的多条声明可以使用大括号"{}"括起来，为了让 CSS 可读性更强，可以每行只描述一个属性。

图 2-6　CSS 语法

为了在 HTML 文档众多的元素中准确找到需要设置样式的元素，我们需要使用不同的选择器，CSS 中有三种基本选择器。

1. 标签选择器

标签选择器根据元素的标签名称，如 p、a、img 等来选择 HTML 元素。

示例：

```
h1 {
  color: red;
}
```

在此例中，页面上的所有一级标题元素<h1>中的文本内容都将显示为红色。

2. ID 选择器

ID 选择器使用 HTML 元素的 id 属性来选择特定元素。每个 HTML 文档中，元素的 id 属性值是唯一的，因此 ID 选择器用于选择一个唯一的元素，需要注意的是 id 属性的值不能以数字开头。要选择具有特定 id 属性值的 HTML 元素，需要在 CSS 代码中选择器部分使用"#"，后跟该元素的 id 属性值。

示例：

```
#logo {
  width:490px;
}
```

这条 CSS 规则将应用于 id="logo" 的 HTML 元素。

3. 类选择器

类选择器选择具有特定 class 属性值的 HTML 元素。HTML 文档中，可以为多个元素设置相同的 class 属性值，因此类选择器能够为多个 HTML 元素同时设置样式。如需选择拥有特定 class 的元素，需要在 CSS 代码中选择器部分使用"."，后跟元素的类名。

示例：

```
.left {
    text-align:left;
}
```

在此例中，所有属性 class="left" 的 HTML 元素内部文字都将居左对齐。

上述三种 CSS 基本选择器可以组合使用。

示例：

```
p.center {
```

```
  color: red;
}
```

在此例中，只有属性 class="center" 的段落元素<p>内部文本会显示为红色。

此外，通用选择器"*"能够选择页面上的所有的 HTML 元素，CSS
允许用","组合多个选择器，设置相同的样式。

2.1.9　CSS 组合选择器

CSS 选择器可以包含多个基本选择器。在基本选择器之间，可以包
含一个组合器。组合器是解释选择器之间关系的某种机制。CSS 中有 4
种不同的组合器，如表 2-7 所示。

（盒模型、文本
对齐）

表 2-7　CSS 组合选择器

类型	选择器	示例	示例描述
后代选择器	element element	div p	选择<div>内的所有<p>
子元素选择器	element>element	div > p	选择其父元素是<div>的所有<p>
相邻兄弟选择器	element+element	div + p	选择所有紧随<div>之后的<p>
通用兄弟选择器	element1~element2	p ~ ul	选择前面有<p>的每个<ul>

2.1.10　CSS 伪类选择器

CSS 伪类选择器用于定义元素的特殊状态，可以与其他选择器结合使用。伪类选择器选择
元素基于的是当前元素处于的状态，而状态是动态变化的，当元素达到特定状态时，它可能得
到一个伪类的样式；当状态改变时，它会失去这个样式。可见它的功能和 class 类似，但它是
基于文档之外的抽象，所以叫伪类。

:hover 是最常用的伪类选择器，它用于设置鼠标悬停在元素上时的样式。

示例：

```
a:hover{
  text-decoration: underline;
}
```

此例声明了当鼠标悬停在超链接上时，超链接将出现下划线装饰。

CSS 中还可以使用:link、:visited、:active 伪类选择器来分别设置未访问、已访问、已选择
状态链接对应的样式；使用:focus 设置元素获得焦点时的样式，使用:focus-within 设置元素或
其后代元素获得焦点时的样式，更多 CSS 伪类选择器如表 2-8 所示。

表 2-8　CSS 伪类选择器

选择器	示例	示例描述
:active	a:active	选择活动的链接
:checked	input:checked	选择每个被选中的 <input> 元素
:disabled	input:disabled	选择每个被禁用的 <input> 元素
:empty	p:empty	选择没有子元素的每个 <p> 元素
:enabled	input:enabled	选择每个已启用的 <input> 元素
:first-child	p:first-child	选择作为其父的首个子元素的每个 <p> 元素
:first-of-type	p:first-of-type	选择作为其父的首个 <p> 元素的每个 <p> 元素
:focus	input:focus	选择获得焦点的 <input> 元素

（续表）

选择器	示例	示例描述
:focus-within	div:focus-within	选择获得焦点，或该元素的后代元素获得焦点的元素
:hover	a:hover	选择鼠标悬停其上的链接
:in-range	input:in-range	选择具有指定范围内的值的 <input> 元素
:invalid	input:invalid	选择所有具有无效值的 <input> 元素
:lang(language)	p:lang(it)	选择每个 lang 属性值以 "it" 开头的 <p> 元素
:last-child	p:last-child	选择作为其父的最后一个子元素的每个 <p> 元素
:last-of-type	p:last-of-type	选择作为其父的最后一个 <p> 元素的每个 <p> 元素
:link	a:link	选择所有未被访问的链接
:not(selector)	:not(p)	选择每个非 <p> 元素的元素
:nth-child(n)	p:nth-child(2)	选择作为其父的第二个子元素的每个 <p> 元素
:nth-last-child(n)	p:nth-last-child(2)	选择作为其父的第二个子元素的每个<p>元素，从最后一个子元素计数
:nth-last-of-type(n)	p:nth-last-of-type(2)	选择作为其父的第二个<p>元素的每个<p>元素，从最后一个子元素计数
:nth-of-type(n)	p:nth-of-type(2)	选择作为其父的第二个 <p> 元素的每个 <p> 元素
:only-of-type	p:only-of-type	选择作为其父的唯一 <p> 元素的每个 <p> 元素
:only-child	p:only-child	选择作为其父的唯一子元素的 <p> 元素
:optional	input:optional	选择不带 "required" 属性的 <input> 元素
:out-of-range	input:out-of-range	选择值在指定范围之外的 <input> 元素
:read-only	input:read-only	选择指定了 "read-only" 属性的 <input> 元素
:read-write	input:read-write	选择不带 "read-only" 属性的 <input> 元素
:required	input:required	选择指定了 "required" 属性的 <input> 元素
:root	root	选择元素的根元素
:target	#news:target	选择当前活动的 #news 元素（单击包含该锚名称的 URL）
:valid	input:valid	选择所有具有有效值的 <input> 元素
:visited	a:visited	选择所有已访问的链接

2.1.11 CSS 盒模型

盒模型，即 box model，在 CSS 中把所有 HTML 元素都看作盒子，这一术语在设计和布局页面时使用。

CSS 盒模型本质上是一个盒子，封装内部的 HTML 元素，由内到外分别是内容、填充、边框、边距，如图 2-7 所示。

内容 Content：元素内的实际内容，可以显示文本、图像、表单等。

填充 Padding：实际内容外围的区域，填充是透明的。

边框 Border：围绕在实际内容和填充之外的边框，可以设置为可见的实线或虚线。

边距 Margin：边框外的区域，该区域内不可放置其他元素，即边距是透明的。

当我们指定一个元素的宽度 width 和高度 height 属性时，只是设置了实际内容区域的宽度和高度。完整大小的元素，还必须添加内边距、边框和外边距。

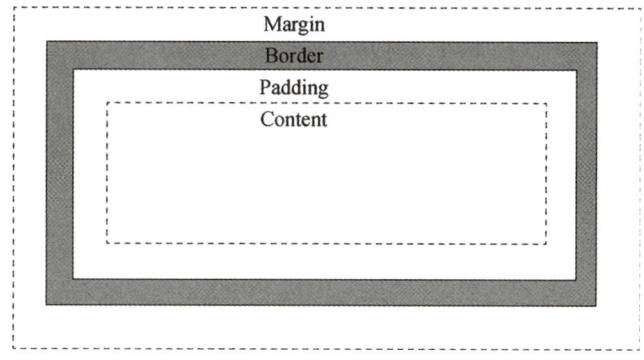

图 2-7　CSS 盒模型

示例：

```
div {
width: 300px;
height:200px;
    border: 2px solid black;
    padding: 25px;
    margin: 30px;
}
```

在这个例子中，<div>元素的实际内容宽 300px、高 200px；上下左右 4 个方向的填充均为 25px、边框为 2px 宽黑色实线，最外层与其他元素的边距为 30px。

2.1.12　CSS 文本对齐

1. 水平对齐 text-align

CSS 中使用 text-align 属性来设置文本的水平对齐方式。文本可以左对齐 left 或右对齐 right，或居中对齐 center、两端对齐 justify。

2. 垂直对齐 vertical-align

vertical-align 属性用于设置一个元素的垂直对齐方式。该属性定义行内元素的基线相对于该元素所在行的基线的垂直对齐，常用于设置行内图像与文本的垂直对齐方式。baseline 为默认值元素放置在父元素的基线上；text-top 把元素的顶端与父元素字体的顶端对齐；middle 把此元素放置在父元素的中部；bottom 使元素及其后代元素的底部与整行的底部对齐；text-bottom 把元素的底端与父元素字体的底端对齐。

示例：

```
img
{
    vertical-align:text-top;
}
```

2.1.13　CSS 背景样式 background

CSS 提供了一组用于定义元素背景效果的属性。

1. 背景颜色 background-color

background-color 属性指定元素的背景色，可以通过有效的颜色名称、十六进制值颜色码、RGB 色彩值等方式指定颜色，如"red""#00acff""rgb(255,0,0)"。

2. 背景图像 background-image

（background、box-shadow、display）

background-image 属性指定用作元素背景的图像，其值通过 url() 函数指定背景图像的 URL 地址。

示例：

```
body {
  background-image: url("paper.gif");
}
```

3. 背景重复 background-repeat

在默认情况下，背景图像会在水平和垂直方向上重复铺贴，以覆盖整个元素。background-repeat 用于设置背景图像的重复方式，有三种可选的值：no-repeat，水平、垂直方向均不重复，只显示一次背景图像；repeat-x，仅在水平方向上重复；repeat-y，仅在垂直方向上重复。

4. 背景位置 background-position

background-position 属性用于指定背景图像的位置，它的值分别设置背景图像在水平、垂直方向上的起始位置，以空格隔开，默认值是背景图像左上角与元素左上角重合，其他属性值如表 2-9 所示。

表 2-9　background-position 属性值

值	描述
left top left center left bottom right top right center right bottom center top center center center bottom	如果仅指定一个关键字，其他值将会是"center"
x% y%	第一个值是水平位置，第二个值是垂直位置。左上角是 0%0%，右下角是 100%100%。如果仅指定了一个值，其他值将是 50% 默认值为：0%0%
xpos ypos	第一个值是水平位置，第二个值是垂直位置。左上角是 0。单位可以是像素（0px0px）或任何其他 CSS 单位。如果仅指定了一个值，其他值将是 50%。可以混合使用%和 positions
inherit	指定 background-position 属性设置从父元素继承

项目开发中，我们经常使用尺寸较大的背景图像，设置其中心位置与元素中心位置重合，以适配不同尺寸的显示屏幕。

示例：

```
body {
  background-position: center center;
}
```

5. 背景尺寸 background-size

background-size 属性用于指定背景图像的大小，可以指定像素或相对于父元素的宽度和高度的百分比的大小。

2.1.14　CSS 圆角边框 border-radius

在 CSS3 中可以创建圆角边框、添加阴影框。 border-radius 属性用于创建圆角，其值为圆角的半径大小，该半径大小可以是像素也可以是元素宽高的百分比，并且可以按照上右下左的顺序为元素指定不同大小的圆角。

2.1.15　CSS 盒阴影 box-shadow

CCS3 中还允许使用 box-shadow 属性来为元素添加阴影，而不用借助 Photoshop 等设计软件，其值由 4 个部分组成：阴影向右、向下的偏移量；为 0 时从边框外侧开始，为负数时向左、向上偏移；阴影边缘虚化扩散的大小；阴影的颜色。

示例：

```
div
{
width:200px;
height:100px;
background-color:yellow;
border:20px #000 solid;
border-radius:50% 50% 20px 20px;
box-shadow: 10px 10px 0px #888888;
}
```

以上代码运行效果如图 2-8 所示。

2.1.16　CSS 布局 display

display 属性是用于控制布局的最重要的 CSS 属性。display 属性规定是否及如何显示元素。每个 HTML 元素都有一个默认的 display 值，具体取决于它的元素类型。大多数元素的默认 display 值为 block 或 inline。

图 2-8　圆角边框与盒阴影应用效果

1.　块级元素 block

块级元素总是从新行开始的，会独占一行，默认情况下宽度自动填满其父元素宽度，块级元素可以设置宽高、边距和填充。<div>、<h1> ~<h6>、<p>、<form>、<header>、<footer>、<section>等元素都属于块级元素。

2.　行内元素 inline

行内元素不从新行开始，不会独占一行，相邻的行内元素会排在同一行，其宽度随内容的变化而变化。行内元素设置宽高不上生效，可以设置边距、填充，但只在水平方向上生效。<span>、<a>、<img>、<label>等元素属于行内元素。text-align 属性对块级元素起作用，对行内元素不起作用。

3.　行内块元素 inline-block

行内块元素结合行内元素和块级元素的优点，既可以设置长宽，可以让填充和边距生效，又可以和其他行内元素并排显示。

display 属性能够实现行内元素、块状元素、行内块元素之间的转换，除此之外，display 可能的值如表 2-10 所示。

表 2-10　display 属性值

值	描述
none	此元素不会被显示
block	此元素将显示为块级元素，此元素前后会带有换行符
inline	默认。此元素会被显示为行内元素，元素前后没有换行符
inline-block	行内块元素（CSS2.1 新增的值）
list-item	此元素会作为列表显示
run-in	此元素会根据上下文作为块级元素或行内元素显示
compact	由于缺乏广泛支持，已经从 CSS2.1 中删除
marker	由于缺乏广泛支持，已经从 CSS2.1 中删除
table	此元素会作为块级表格来显示（类似 <table>），表格前后带有换行符
inline-table	此元素会作为行内表格来显示（类似 <table>），表格前后没有换行符
table-row-group	此元素会作为一个或多个行的分组来显示（类似 <tbody>）
table-header-group	此元素会作为一个或多个行的分组来显示（类似 <thead>）
table-footer-group	此元素会作为一个或多个行的分组来显示（类似 <tfoot>）
table-row	此元素会作为一个表格行显示（类似 <tr>）
table-column-group	此元素会作为一个或多个列的分组来显示（类似 <colgroup>）
table-column	此元素会作为一个单元格列显示（类似 <col>）
table-cell	此元素会作为一个表格单元格显示（类似 <td> 和 <th>）
table-caption	此元素会作为一个表格标题显示（类似 <caption>）
inherit	规定应该从父元素继承 display 属性的值

2.1.17　CSS 定位 position

position 属性指定了元素的定位类型，即规定了元素定位时的参照物。在设定 position 属性的前提下，元素可以使用顶部 top、底部 bottom、左侧 left 和右侧 right 属性进行元素的定位，top、bottom、left、right 是元素相对参照物上、下、左、右边缘的距离。

常用的定位方式 position 取值有：静态定位 static、相对定位 relative、绝对定位 absolute。

1.　静态定位 static

静态定位 static 是 HTML 元素的默认值定位方式，即没有定位，遵循正常的文档流。静态定位的元素 top、bottom、left、right 属性不生效，元素位置不受影响。

2.　相对定位 relative

相对定位 relative 的元素相对其正常位置，即相对静态定位下元素所在位置进行定位。

此时 top、bottom、left、right 属性生效，top 定义元素相对其静态位置顶端的距离，bottom 定义元素相对其静态位置底端的距离，left 定义元素相对其静态位置左侧的距离，right 定义元素相对其静态位置右侧的距离，距离的值可为负数。

移动相对定位元素，它原本所占的空间不会改变，后续元素仍遵循正常的文档流。因此相对定位元素经常被用来作为绝对定位元素的容器块。

3.　绝对定位 absolute

绝对定位 absolute 的元素相对其最近的已定位父元素，即最近的设置了 positions 属性且其值不为 static 的父元素，如果元素没有已定位的父元素，那么它的位置相对于<html>，此时 top、 bottom、left、right 属性生效。需要注意的是，absolute 定位使元素的位置与文档流无关，因此不占据空间，absolute 定位的元素和其他元素可能重叠。

因为元素的定位与文档流无关，所以它们可以覆盖页面上的其他元素，z-index 属性指定了一个元素的堆叠顺序，一个元素可以有正数或负数的堆叠顺序。元素的 z-index 属性值越大，排列越靠前；如果两个定位元素重叠，没有指定 z-index，最后定位在 HTML 代码中的元素将被显示在最前面。

相关案例

1. 页面整体布局

如图 2-9 所示，此页面采用了三行一列的布局形式，包含页头、内容部分及页脚。

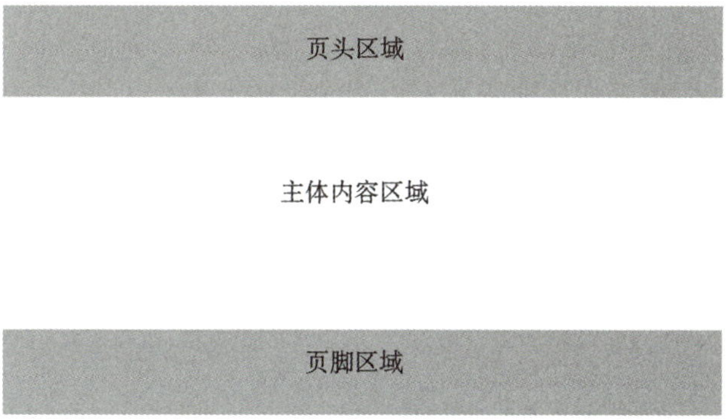

页头区域

主体内容区域

页脚区域

图 2-9　页面整体布局

根据内容结构，创建 login.html 文件，编写 HTML 代码如下：

```
<!DOCTYPE html>
<html>
<head>
    <meta http-equiv="Content-Type" content="text/html; charset=UTF-8">
    <title>登录 - 郓都校企人力资源联盟网</title>
    <meta content="initial-scale=1.0, width=device-width" name="viewport">

</head>
<body>
    <!-页头 -->
    <header>
    </header>
<!-主体内容 -->
    <section>
    </section>
<!-页脚 -->
    <footer>
    </footer>
</body>
</html>
```

2. 页头

页头部分要实现的效果如图 2-10 所示。

图 2-10　页头效果

页头包含登录注册栏、logo 导航栏；登录注册栏包含两个超链接；logo 导航栏左侧为图片，右侧是由多个超链接构成的导航栏。编写 header 部分的 HTML 代码如下：

```html
<!-- 头部 -->
<header>
<!-- 登录注册栏 -->
<div id="login">
    <div>
        <a href="#">登录</a><a href="#">注册</a>
    </div>
</div>
<!-- logo 导航栏 -->
<div id="heading">
    <a href="http://pdrc.org.cn/web/pdrc/">
        <img id="logo" alt="郫都校企人力资源联盟网" src="./img/logo.png" />
    </a>
    <nav>
        <a href="#">首页</a>
        <a href="#">个人中心</a>
        <a href="#">快速求职</a>
        <a href="#">职位搜索</a>
        <a href="#">个体招聘</a>
        <a href="#">郫都人才</a>
    </nav>
 </div>
</header>
```

创建 header.css 文件并导入 login.html 文档。

```html
<head>
    <link type="text/css" rel="stylesheet" href="./css/header.css" />
</head>
```

编写 CSS 代码美化登录页面页头，为登录注册栏设置背景颜色，利用伪类选择器为登录注册超链接设置鼠标悬停状态下的样式，logo 图片向左浮动，导航栏向右浮动。CSS 代码如下：

```css
/* 登录注册栏 */
#login{
width:100%;
height:40px;
background:#333;
}
#login div{
width:1200px;
margin:0 auto;
text-align:right;
background:#333;
}
#login a{
font:12px 'YouYuan';
color:#fff;
text-decoration:none;
display:inline-block;
```

```
width:4em;
text-align:center;
line-height:40px;
}
#login a:hover{
background-color:darkorange;
}
/* logo 导航栏 */
#heading{
width:1200px;
height:92px;
margin:5px auto;
line-height:92px;
font-size:0;
}
#logo{
width:490px;
height:92px;
vertical-align: middle;
}
nav{
width:710px;
display: inline-block;
}
nav a{
font:16px 'YouYuan';
color:#333;
text-decoration:none;
display:inline-block;
width:6em;
height:45px;
text-align:center;
margin-left:1.2em;
}
nav a:hover{
color:darkorange;
font-weight:600;
border-bottom:2px solid darkorange;
}
```

3. 主体内容

登录页面主体内容要实现的效果，如图 2-11 所示。

图 2-11　登录页面主体内容效果

主体内容包含一个表单,表单内包含标题、文本类型输入元素、密码类型输入元素、提交按钮、超链接。主体部分 section 内部的 HTML 代码如下:

```
<section>
<div>
    <form    action="http://pdrc.org.cn/login#"    id="hrefFm"    method="post"
name="hrefFm">
        <p id="title">账号登录</p>
        <div id="username" class="input">
            <img src="./img/icon-username.png" alt="username" />
            <input type="text" name="username" placeholder="请输入账号" />
        </div>
        <div id="password" class="input">
            <img src="./img/icon-password.png" alt="password" />
            <input type="password" name="password" placeholder="请输入密码" />
        </div>
        <p id="to_retrieve"><a href="#">找回密码</a></p>
        <button id="btn_login" type="submit" name="btn_login">登录</button>
        <p id="to_register"><a href="#">没有账号? 去注册</a></p>
    </form>
</div>
</section>
```

页头及页脚部分样式可复用到该站点其他页面,因此创建 login.css 文件单独书写登录页面样式,并导入 login.html 文档。

在 login.css 文档中,设置主体内容容器 section 宽度为 100%,随浏览器尺寸变化,适配宽屏状态下横向满屏显示;同时为内部嵌套的 div 容器设置固定宽度 1200px,确保屏幕尺寸较小时,主体内容能够完整呈现。通过为内部 div 元素设置边距属性 margin:0 auto,自动平分父元素 section 水平方向上的多余宽度作为 div 的左右边距,实现主体内容的居中显示。使用 background、background-size 属性为二者设置居中显示的背景图像。

表单部分,设置表单域元素 form 向右浮动,平衡页面内容。利用 CSS 伪元素选择器为用户名、密码输入框设置前置图标,利用伪元素选择器、盒阴影设置输入框获得焦点时的蓝色发光效果。CSS 代码如下:

```
/* 主体内容样式 */
section{
width:100%;
background:url('../img/login_bg.jpg') no-repeat center center;
background-size: auto 584px;
}
section>div{
width:1200px;
height: 584px;
margin:0px auto;
background:url('../img/login_bg.jpg') no-repeat center center;
background-size: auto 584px;
}
```

```
form{
 width:240px;
 height:285px;
 position:relative;
 top:110px;
 left:780px;
 padding:30px;
 border-radius:4px;
 background:#eef7fd;
 box-shadow:-1px -1px 5px #888888;
}
/* 表单标题 */
form #title{
 font:20px 'YouYuan';
 font-weight:600;
 color:#333;
}
form p,#btn_login{
 margin-bottom:20px;
}
/* 信息输入表单 */
form .input{
 margin:0 auto;
 background:#fff;
 padding:4px;
 border:1px #e2e5e9 solid;
 margin-bottom:20px;
}
form .input:focus-within{
 border:1px #2aaae6 solid;
 box-shadow:0px 0px 5px #2aaae6;
}
form input{
 border:0;
 padding:0;
 width:184px;
 height:28px;
 font:16px 'YouYuan';
 line-height:30px;
}
form input:focus{
 border:0;
```

```
outline:0;
}
form img{
width:30px;
height:30px;
vertical-align: middle;
}
/* 找回密码&去注册 */
form a{
color:#009ae5;
text-decoration:none;
font-size:14px;
}
form a:hover{
text-decoration:underline;
}
#to_register{
text-align: right;
}
/* 登录按钮 */
form #btn_login{
width:100%;
height:36px;
border:0;
border-radius:4px;
background:#2787dd;
color:#fff;
font-size:16px;
}
#btn_login:hover{
background:#5dade2;
}
```

4. 页脚

页脚部分要实现的效果如图 2-12 所示。

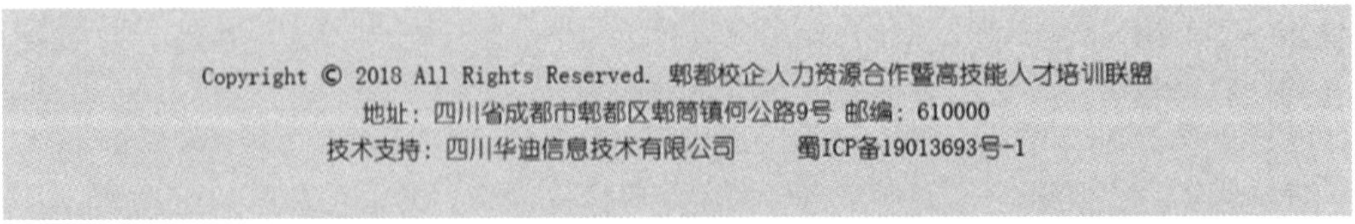

Copyright © 2018 All Rights Reserved. 郫都校企人力资源合作暨高技能人才培训联盟
地址：四川省成都市郫都区郫筒镇何公路9号 邮编：610000
技术支持：四川华迪信息技术有限公司　　蜀ICP备19013693号-1

图 2-12　页脚效果

页脚包含版权信息、企业地址、技术支持等信息，并包含 2 个超链接，应使用" "

字符实体实现多个空格。HTML 代码如下：

```
<footer>
 <p class="powered-by"> Copyright © 2018 All Rights Reserved. 郫都校企人力资源合
作暨高技能人才培训联盟</p>
 <p>地址：四川省成都市郫都区郫筒镇何公路 9 号 邮编：610000</p>
 <p>技术支持：<a href="http://www.hwadee.com/" target="_blank">四川华迪信息技术有
限公司 </a>    <a
         href="https://beian.miit.gov.cn/#/Integrated/index" target="_blank">
蜀 ICP 备 19013693 号-1</a></p>
</footer>
```

创建 footer.css 文件编写页脚部分 CSS 样式以便后续页面复用，并导入 login.html 文档。

在 footer.css 中编写 CSS 代码美化登录页面页脚，为页脚 footer 设置背景颜色，并设置上下一致的填充宽度、文本居中对齐以实现内容的水平、垂直居中显示。CSS 代码如下：

```
/* footer 样式 */
footer{
width:100%;
min-width:1200px;
min-height:63px;
background:#e6e6e6;
padding:30px 0;
text-align:center;
}
footer p{
 color:#333;
 font:14px 'YouYuan';
 line-height:1.5em;
}
footer a{
 font:1em 'YouYuan';
 color:#333;
 text-decoration:none;
}
footer a:hover{
 text-decoration:underline;
}
```

工作实施

根据知识准备和工作计划，参考相关案例，完成招聘网站登录页面的开发制作。

填写如表 2-11 所示的人员分工清单

表 2-11　人员分工清单表

人员姓名	工作任务	备注

评价反馈

　　各自完成学习情境的开发并展示作品，介绍任务的完成过程。作品展示前应准备阐述材料，并完成评价表 2-12、表 2-13、表 2-14。

　　1. 学生进行自我评价。

表 2-12　学生自评表

班级：　　　　　　　　　　姓名：　　　　　　　　　学号：

学习情境 2	制作招聘网站账号登录页面		
评价项目	评价标准	分值	得分
整体框架及布局	能够完成页面整体框架和布局的搭建	10	
页头、页脚	能够完成页面中页头和页脚的制作	15	
导航栏	能够完成导航栏的制作	15	
表单设置	能够完成页面中表单元素的设置	15	
内容板块	能够完成页面各子板块的开发	25	
小组协调	小组成员能够合理分工、互相配合完成任务	10	
工作质量	根据项目开发过程及成果评定工作质量	10	
合计		100	

　　2. 学生展示过程中，以个人为单位，对以上学习情境的结果进行互评。

表 2-13　学生互评表

学习情境 2		制作招聘网站账号登录页面										
评价项目	分值	等级								评价对象			
										1	2	3	4
计划合理	10	优	10	良	9	中	8	差	6				
方案准确	10	优	10	良	9	中	8	差	6				
工作质量	20	优	20	良	18	中	15	差	12				
工作效率	15	优	15	良	13	中	11	差	9				
工作完整	10	优	10	良	9	中	8	差	6				
工作规范	10	优	10	良	9	中	8	差	6				
识读报告	10	优	10	良	9	中	8	差	6				
成果展示	15	优	15	良	13	中	11	差	9				
合计	100												

3．教师对学生工作过程和工作结果进行评价。

表 2-14　教师综合评定表

班级：　　　　　　　　　姓名：　　　　　　　　　学号：

学习情境 2		制作招聘网站账号登录页面		
评价项目		评价标准	分值	得分
考勤 (20%)		无无故迟到、早退、旷课现象	20	
工作过程(50%)	环境管理	能正确、熟练使用 HBuilder 工具管理开发环境	5	
	方案制作	能根据技术能力快速、准确地制订工作方案	5	
	整体框架及布局	能够完成页面整体框架和布局的搭建	5	
	页首、页脚	能够完成页面中页头和页脚的制作	5	
	导航栏	能够完成导航栏的制作	10	
工作过程(50%)	表单设置	能够完成页面中表单元素的设置	10	
	工作态度	态度端正，工作认真、主动	5	
	职业素质	能做到安全、文明、合法，爱护环境	5	
项目成果(30%)	工作完整	能按时完成任务	5	
	工作质量	能按计划完成工作任务	15	
	识读报告	能正确识读并准备成果展示各项报告材料	5	
	成果展示	能准确表达、汇报工作成果	5	
合计			100	

拓展思考

1．参考本学习情境，思考不同类型的网站在设计登录页面时主要考虑哪些因素？
2．参考本学习情境，思考网页中的内容比较少的时候有没有合理的设计形式？

2.2　学习情境 3　制作招聘网站求职申请页面

教学导航

学习情境描述

1．教学情境

本学习情境的任务是制作一个招聘网站的求职申请页面，最终效果如图 2-13 所示。在本学习情境中，我们需要考虑与网站求职页面制作相关的各种内容，如页头、页脚、左侧导航、面包屑导航、各类输入表单元素等，通过将新学的知识技能与前面学习的内容相结合，进行综合运用，从而完成招聘网站求职申请页面的开发制作。

2．关键知识点

（1）HTML 页面中的 span 标签的样式设计。

（2）CSS 中对于 width、height、position 属性的设置。

（3）CSS 中对于 line-height、font-size 属性的设置。

（4）CSS 中对于 text-align 属性的设置。

3．关键技能点

（1）定义并使用自定义的样式库。

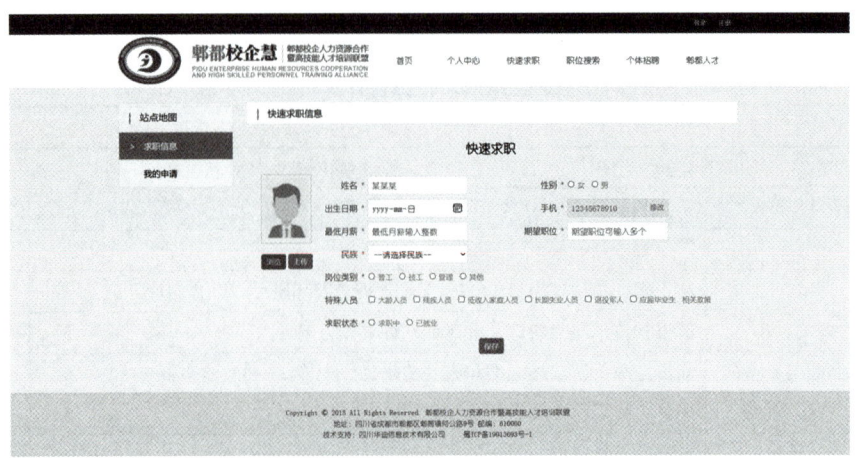

图 2-13　招聘网站求职申请页面预期效果图

（2）调整页面上不同元素的样式设计使之符合网站的整体风格。

（3）工程导入样式库的两种方式。

学习目标

1. 掌握在静态网站中表单的布局样式设计。

2. 掌握静态网站中输入框、下拉框的样式设计。

3. 掌握静态网站中按钮的样式设计。

任 务 书

1. 根据学习目标，开发一个求职申请页面，完成页面中表单的布局样式设计。

2. 根据学习目标，开发一个求职申请页面，完成页面中输入框、下拉框的样式设计。

3. 根据学习目标，开发一个求职申请页面，完成页面中相应按钮的样式设计。

获取信息

引导问题：

1. 在哪些业务场景下需要设计表单输入页面？

_____

_____

2. 相关的网站有哪些类型？

_____

_____

工作计划

1. 制订工作方案（见表 2-15）

表 2-15　工作方案

步骤	工作内容

2．设计出此页面的功能

3．列出工具清单（见表 2-16）

表 2-16　工具清单表

序号	名称	版本	备注

4．列出技术清单（见表 2-17）

表 2-17　技术清单表

序号	名称	版本	备注

进行决策

1．根据引导、构思、计划等，各自阐述自己的设计方案。

2．对其他人的设计方案提出自己不同的看法。

3．教师结合大家完成的情况进行点评，选出最佳方案，并写出最佳方案。

_____

_____

_____

知识准备

"制作招聘网站求职申请页面"知识分布网络，见图 2-14 所示。

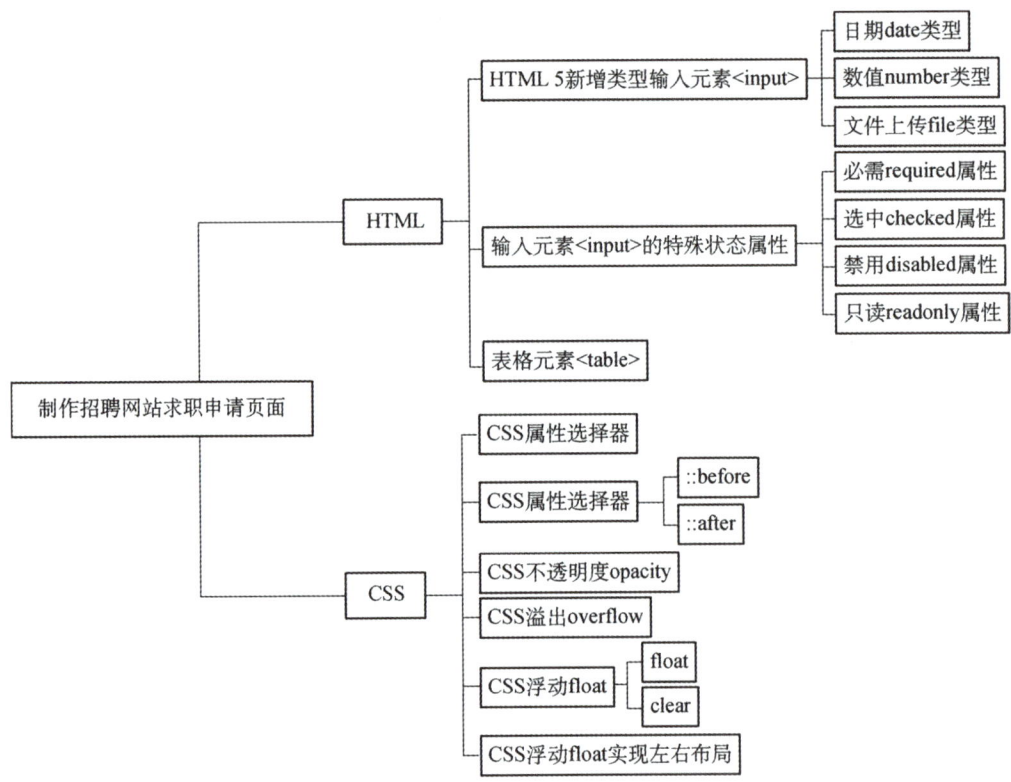

图 2-14　"制作招聘网站求职申请页面"知识分布网络

2.2.1　HTML5 新增类型输入元素<input>

HTML5 新增了多种表单输入类型，这些新类型提供了更好的输入控制和验证。

1．日期 date 类型

date 类型输入元素在输入框后新增一个日期选择器图标，允许用户通过日期选择器选择日期。使用日期类型输入元素，通过定义<input>元素的属性 type="date"实现。

2．数值 number 类型

数值 number 类型输入元素用于应该包含数值的输入域，通过定义<input>元素的属性 type="number"实现，可以设置 min、max、step 等属性设定对所接收数字的限定，具体限定如表 2-18 所示。

input 标签 date、
number、file 属性

表 2-18　数值 number 类型输入元素限定属性

属性	描述
max	规定允许的最大值
min	规定允许的最小值
step	规定输入字段的合法数字间隔
value	规定输入字段的默认值

示例：

```
数量（1 到 5 之间）: <input type="number" name="quantity" min="1" max="1000"
step= "10" value="100" />
```

3. 文件上传 file 类型

文件上传 file 类型输入元素用于定义文件选择字段和 "浏览..." 按钮，供文件上传使用，通过定义<input>元素的属性 type="file"实现。

示例：

```
选择一个文件: <input type="file" name="img">
```

2.2.2　输入元素<input>的特殊状态属性

1. 必需 required 属性

输入元素<input>的 required 属性规定必须在提交表单之前填写当前输入字段。required 属性是一个布尔属性，一旦在 HTML 代码中为元素设置该属性，无论其值是多少，都表示该项必填，HTML 允许布尔属性最小化，如以下示例所示。

required 属性适用于以下 input 类型：text、search、url、tel、email、password、date pickers、number、checkbox、radio 和 file。

示例：

input 标签 required、
checked 属性

```
<form>
  Username: <input type="text" name="username" required="required" />
password: <input type="text" name="password" required />
</form>
```

2. 选中 checked 属性

输入元素<input>的 checked 属性规定在页面加载时应该被预先选定的 <input> 元素，checked 属性适用于<input type="checkbox">输入元素，即复选框，和 <input type="radio">输入元素，即单选框。checked 属性是一个布尔属性，一旦在 HTML 代码中为元素设置该属性，无论其值是多少，都表示选中该项，HTML 允许布尔属性最小化，如以下示例所示。

示例：

```
<form>
  记住密码: <input type="checkbox" name="memory" ckecked="
ckecked " />
  自动登录: <input type="checkbox" name="auto" ckecked />
</form>
```

input 标签 disable、
readonly 属性

3. 禁用 disabled 属性

输入元素<input>的 disabled 属性规定应该禁用的 <input> 元素。被禁用的<input>元素无法使用，也无法单击。disabled 属性通常结合 JavaScript 技术实现在用户满足某些条件时，如选中复选框等才能使用 <input> 元素。

　　disabled 属性不适用于<input type="hidden">，即被隐藏、用户不可见的输入元素。disabled 属性也是一个布尔属性，如以下示例所示。

　　示例：

```
<form>
  ID: <input type="text" name="ID" disabled="disabled" />
用户名: <input type="text" name="用户名" disabled />
</form>
```

4. 只读 readonly 属性

　　输入元素<input>的 readonly 属性规定输入字段是只读的。只读字段是不能修改的，但用户仍然可以使用 Tab 键切换到该字段，还可以选中或复制其文本。readonly 属性可以防止用户对值进行修改，结合 JavaScript 技术在用户满足某些条件时，将输入字段切换到可编辑状态。readonly 属性也是一个布尔属性，如以下示例所示。

　　示例：

```
<form>
  ID: <input type="text" name="ID" readonly="readonly" />
用户名: <input type="text" name="用户名" readonly/>
</form>
```

2.2.3 表格元素<table>

　　HTML 中表格由<table>标签来定义。每个表格均有若干行，行由<tr>标签定义，tr 指表格行（Table Row）。每行被分割为若干单元格，有两种单元格类型：表头单元格，包含头部信息，由<th>元素创建；标准单元格，由<td>标签定义，td 指表格数据（Table Data）。数据单元格可以包含文本、图片、列表、段落、表单、水平线、表格等。

　　在表单域元素<form>中应用表格元素<table>可以创建漂亮的多列布局。表格不是布局工具，设计表格的目的是呈现表格化数据。创建此类表单时，可以为单元格元素<td>设置 colspan、rowspan 属性规定单元格可横跨的列数、纵跨的行数。

　　示例：

```
<table>
  <tr>
    <th>月数</th>
<th>收入</th>
<th>支出</th>
  </tr>
  <tr>
    <td>1 月</td>
<td>￥1000</td>
    <td rowspan="2">￥800</td>
  </tr>
  <tr>
    <td>2 月</td>
    <td>￥1000</td>
  </tr>
  <tr>
    <td colspan="3">余额：￥1200</td>
  </tr>
</table>
```

2.2.4　CSS 属性选择器

上面介绍了基本选择器、伪类选择器、伪元素选择器等多种 CSS 选择器，在 CSS 中还有一类选择器能够用于选择带有特定属性或属性值的 HTML 元素，即属性选择器。若需为不带有 class 或 id 属性的表单设置样式，属性选择器非常便捷。

属性选择器[attribute] 采用中括号表示，用于选取带有指定属性的元素。

示例：

```
input[disabled]{
    color:darkgray;
}
```

在此例中，选择所有带有 disabled 属性、被禁用的输入元素<input>，文本都将显示为深灰色。

[attribute="value"] 选择器用于选取带有指定属性和值的元素。

示例：

```
input[type="radio"]{
    width:14px;
}
```

此例中，选择所有单选框输入元素<input>，为其设置宽度 14px。

除此之外，属性选择器还包括[attribute~="value"]、[attribute*="value"]选择器用于选取属性值包含指定词的元素，但前者的值必须是完整或单独的单词，而后者值不必是完整单词；[attribute|="value"]、[attribute^="value"]选择器用于选取指定属性以指定值开头的元素；[attribute$="value"]选择器用于选取指定属性以指定值结尾的元素。

2.2.5　CSS 伪元素选择器

CSS 伪元素选择器用于设置元素指定部分的样式，可以与其他选择器结合使用。设计伪元素的目的就是去选取诸如元素内容的第一个字（母）或第一行，而选取某些内容的前面或后面部分则这种普通的选择器无法完成。它控制的内容实际上和元素是相同的，但是它本身只是基于元素的抽象，并不存在于文档中，所以叫伪元素。

CSS 的 opacity、float 属性

::before 伪元素可用于在元素内容之前插入一些内容，通过 content 属性设置要插入的内容，必须设置 content 属性其他属性才能够生效。

示例：

```
h1::before {
  content: url(../img/icon.png);
}
```

此例中，每个<h1>元素的内容都会插入一幅图像。

::after 伪元素用于在元素内容之后插入一些内容。更多 CSS 伪元素选择器如表 2-19 所示。

表 2-19　CSS 伪元素选择器

选择器	示例	示例描述
::after	p::after	在每个 <p> 元素之后插入内容
::before	p::before	在每个 <p> 元素之前插入内容
::first-letter	p::first-letter	选择每个 <p> 元素的首字母
::first-line	p::first-line	选择每个 <p> 元素的首行
::selection	p::selection	选择用户选择的元素部分

2.2.6 CSS 不透明度 opacity

opacity 属性指定元素的不透明度，opacity 属性的取值范围为 0.0~1.0，值越低，越透明。opacity 属性通常与 :hover 选择器一同使用，实现在鼠标悬停时更改不透明度。

本学习情境下，为了修改 file 类型<input>元素的默认样式，同时保留其功能，我们将其不透明度设置为 0。

2.2.7 CSS 溢出 overflow

overflow 属性指定在元素的内容太大而无法放入指定区域时是剪裁内容还是添加滚动条，仅适用于具有指定高度的块元素。overflow 属性可设置以下值。

- visible：可见，为默认值。溢出时不裁剪，内容在元素框外渲染。
- hidden：隐藏，溢出被裁剪，多余内容不可见。
- scroll：滚动，溢出被裁剪，同时添加滚动条以查看其余内容。
- auto：自动，与 scroll 类似，但仅在必要时添加滚动条。

2.2.8 CSS 浮动 float

CSS 的浮动 float 属性会使元素在水平方向上向左或向右移动，直到它的外边缘碰到包含框或另一个浮动框的边框为止。HTML 文档中浮动元素之前的元素将不会受到影响，浮动元素之后的元素将围绕它。

示例：

```
<style>
img
{
float:left;
margin:5px;
}
</style>
</head>
<body>
<div>
    <img class="thumbnail" src="./img/flower.jpg" >
    <p>花卉，是具有观赏价值的草本植物。</p>
</div>
</body>
</html>
```

图 2-15 呈现了为图片设置向左浮动样式前、后的变化，图片之后的文本重新排列，围绕在其右侧。

花卉，是具有观赏价值的草本植物。

花卉，是具有观赏价值的草本植物。

图 2-15 浮动属性效果示例

HTML 元素默认的排列顺序是从左到右、从上到下，内联元素在不超过父元素宽度的前提下优先从左到右排列，溢出时显示到下一行，块级元素总是在新的一行中从上到下显示。如果把几个浮动的元素放到一起，在父元素宽度足够的情况下，它们将彼此相邻，如图 2-16 所示。

图 2-16　多个元素同一方向浮动示例

元素浮动之后，在浮动元素的父元素未明确设置高度时，浮动元素不会自动撑开父元素，周围的元素会重新排列，为了避免这种情况，可以使用 clear 属性指定当前元素两侧不能出现浮动元素，可选的值有 left、right、both，即左侧、右侧、两侧不可出现浮动元素。

示例：

```
<style>
.thumbnail
{
float:left;
margin:5px;
}
.clear{
clear:both;
}
</style>
</head>
<body>
<div>
    <img class="thumbnail" src="./img/flower1.jpg" >
    <p>花卉，是具有观赏价值的草本植物。</p>
    <div class="clear"></div>
    <img class="thumbnail" src="./img/flower2.jpg">
    <p>典型的花，在一个有限生长的短轴上，着生花萼、花瓣和产生生殖细胞的雄蕊与雌蕊。</p>
</div>
</body>
</html>
```

清除浮动的一种常用方法是在浮动元素之后添加空的<div>元素，并设置其两侧不可出现浮动元素，该空元素会在浮动元素下方新的一行中显示，此时父元素的高度也是其内容的高度，后续元素显示将不再受浮动元素影响。图 2-17 呈现了设置清除浮动样式前、后布局的变化。

 花卉，是具有观赏价值的草本植物。

 典型的花，在一个有限生长的短轴上，着生花萼、花瓣和产生生殖细胞的雄蕊与雌蕊

 花卉，是具有观赏价值的草本植物。

 典型的花，在一个有限生长的短轴上，着生花萼、花瓣和产生生殖细胞的雄蕊与雌蕊。

图 2-17　清除浮动应用示例

2.2.9 CSS 浮动 float 实现左右布局

在网页制作中，对于功能较丰富的网页，除了页头部分的主导航，通常还会在主体内容部分的左侧设置二级导航栏，右侧显示具体内容，这样的左右布局是一种常见的布局方式。

利用 CSS 的浮动 float 属性能够轻松实现左右布局，实现代码如下：

示例：

```html
<head>
<style>
    .container {
        width: 300px;
    }
    .left {
        width: 60px;
        float: left;
        height: 150px;
        background: #ddd;
    }
    .right {
        width: 230px;
        float: right;
        height: 150px;
        background: #bbb;
    }
    .clear {
        clear: both;
    }
</style>
</head>
<body>
<div class="container">
    <div class="left">
    </div>
    <div class="right">
    </div>
    <div class="clear"></div>
</div>
</body>
```

外部容器.container 内包含左、右两个部分的<div>元素，二者的宽度不超过父元素的宽度，分别设置向左、向右浮动，为避免元素浮动导致后续元素重排，在父元素内部的末尾添加清除浮动的空<div>。

运行效果如图 2-18 所示。

图 2-18　左右布局示例

制作招聘网站求职
申请页面

相关案例

1. 页面整体布局

如图 2-19 所示，此页面采用了三行两列的布局形式，包含页头、页脚，内容部分进行了左右布局。

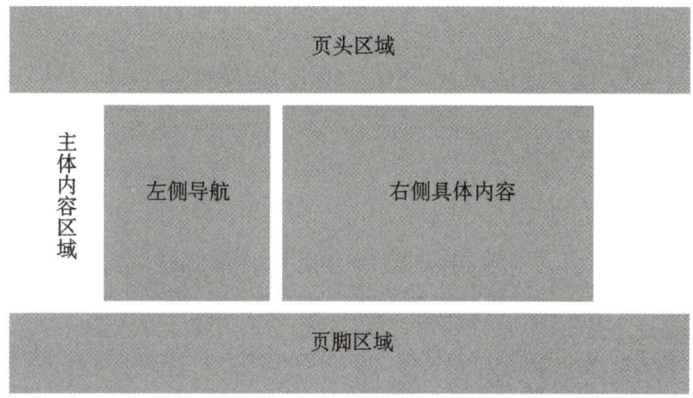

图 2-19　页面整体布局

根据内容结构，创建 job_wanted.html 文件，编写 HTML 代码如下：

```
<!DOCTYPE html>
<html>
 <head>
     <meta http-equiv="Content-Type" content="text/html; charset=UTF-8">
     <title>求职信息 - 郫都校企人力资源联盟网</title>
     <meta content="initial-scale=1.0, width=device-width" name="viewport">
 </head>
 <body>
     <!-- 头部 -->
     <header>
     </header>
<!--主体内容 -->
     <div class="container">
         <div>
<!--左侧导航 -->
             <aside>
             </aside>
<!--右侧具体内容 -->
             <article>
             </article>
<!--清除浮动 -->
             <div class="clear"></div>
         </div>
```

```
        </div>
<!—页脚 -->
      <footer>
      </footer>
</body>
</html>
```

2. 页头

求职申请页面页头部分与登录页面页头相同，此处不做赘述，需在 HTML 文档中引入 header.css 样式。

3. 主体内容

求职申请页面主体内容部分要实现的效果，如图 2-20 所示。

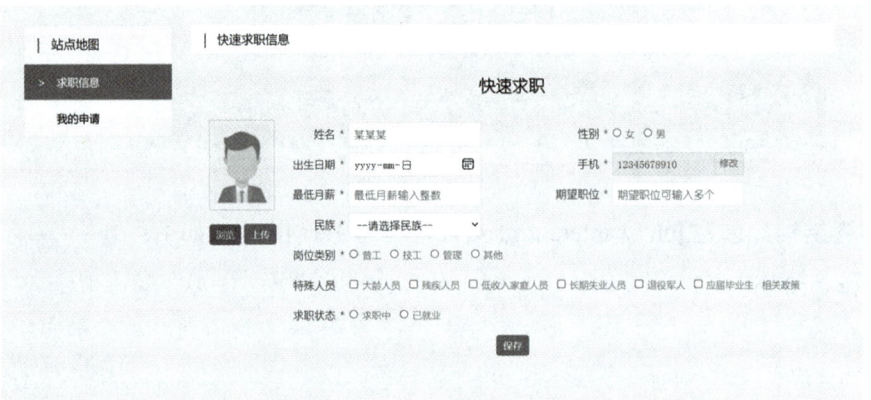

图 2-20　求职申请页面主体内容部分效果

主体内容采用左右布局，创建 job_wanted.css 文件单独书写求职申请页面样式，并导入 job_wanted.html 文档。

在 job_wanted.css 文档中，设置主体内容容器.container、内部嵌套的 div 容器样式，实现主体内容居中显示。利用 CSS 浮动使左、右模块分别向左、右浮动，形成左右布局。CSS 代码如下：

```
/* 主体内容样式 */
.container{
width:100%;
height:584px;
background:#f5f5f5;
}
.container>div{
width:1200px;
margin:0px auto;
padding:30px 0;
box-shadow:-1px -1px -5px #888888;
background:#f5f5f5;
}
/* 左、右模块样式 */
aside{
 width:220px;
```

```
margin-right:30px;
float:left;
}
article{
width:950px;
float:right;
}
```

（1）左侧导航

主体内容左侧为站点地图二级导航，内容包含在 aside 语义结构元素中，HTML 代码如下：

```
<aside>
<div class="map">站点地图</div>
<div class="location"><span>&gt;</span>求职信息</div>
<div class="location"><span>&gt;</span>我的申请</div>
</aside>
```

编写 CSS 代码进行左侧导航部分内部样式设置，为 div 设置合适的宽度、填充、边框、边距；通过设置 div 元素行高 line-height 与高度 height 一致，实现内部文本垂直方向居中；利用::before 伪元素选择器为"站点地图"设置前置的装饰竖线，利用::nth-child 伪元素选择器选中第 2、3 个导航项 div，分别设置正常状态和鼠标悬停状态:hover 下的样式。CSS 代码如下：

```
/* 左侧内容样式 */
aside div{
width:180px;
margin:0 auto;
padding:15px 20px 15px 20px;
margin-right:20px;
border:1px #f0f0f0 solid;
background: #f9f9f9;
}
/* 站点地图样式 */
aside div.map{
color:#333;
font-size:18px;
line-height:1.2em;
}
.map:before{
content:'';
width:2px;
height:1.2em;
margin-right:1em;
display: inline-block;
background: #009AE5;
vertical-align:middle;
}
/* 左侧导航项样式 */
.location:nth-child(2),.location:nth-child(3):hover{
background:#6995d8;
color:#fff;
}
.location span{
margin:0 1em 0 0;
```

```
    color:#fff;
    }
```

（2）右侧求职申请具体内容

主体内容右侧为求职申请具体内容，书写在 article 语义结构元素中，包含一行面包屑导航，提示当前页面位置、页面标题，以及一个求职申请信息输入表单，表单内部采用<table>元素实现表格化数据采集。

表单内包含证件照图像、图像浏览上传按钮、求职申请相关个人信息输入元素，以及岗位类别、特殊人员、求职状态等单选、复选选项和保存按钮。HTML 代码如下：

```
<article>
<section>
    <div class="title1">快速求职信息</div>
        <p id="title2">快速求职</p>
        <form  action="http://pdrc.org.cn/login#"  id="hrefFm"  method="post"
name="hrefFm">
            <table>
                <tr>
                    <td rowspan="7" class="col1">
                        <div><img src="./img/face.jpg" alt="证件照" /></div>
                        <div id="upfile">
                            <span>浏览</span>
                            <input type="file" id="browse" name="browse" />
                        </div>
                        <input type="button" id="upload" name="upload" value="
上传" />
                    </td>
                    <td class="col2"><label for="username">姓名</label></td>
                    <td class="col3">*</td>
                    <td    class="col4"><input    class="input"    type="text"
id="username" name="username" placeholder="某某某"
                            required /></td>
                    <td class="col5"><label>性别</label></td>
                    <td class="col3">*</td>
                    <td class="col7"><input type="radio" id="rad_sex_female"
name="sex"
                            value="female"><label   for="rad_sex_female"> 女
</label>
                        <input   type="radio"   id="rad_sex_male"   name="sex"
value="male"><label
                            for="rad_sex_male">男</label>
                    </td>
                </tr>
                <tr>
                    <td   class="col2"><label   for="birthday"> 出 生 日 期
</label></td>
                    <td class="col3">*</td>
                    <td    class="col4"><input    class="input"    type="date"
id="birthday" name="birthday" value="2000-01-01"
                            required="true" /></td>
                    <td class="col5"><label for="phone">手机</label>
                    </td>
```

```
            <td class="col3">*</td>
            <td class="col7">
                <div class="phone">
                    <input    class="input"    type="text"    id="phone"
name="phone" placeholder="12345678910"
                        required="true" disabled />
                    <a href="#">修改</a>
                </div>
            </td>
        </tr>
        <tr>
            <td class="col2"><label for="min_salary">最低月薪</label>
            </td>
            <td class="col3">*</td>
            <td    class="col4"><input    class="input"    type="number"
id="min_salary" name="min_salary" placeholder="最低月薪输入整数" min="0" step="100"
                required="true" /></td>
            <td class="col5"><label for="job">期望职位</label>
            </td>
            <td class="col3">*</td>
            <td class="col7">
                <input class="input" type="text" id="job" name="job"
placeholder="期望职位可输入多个" required="true" />
            </td>
        </tr>
        <tr>
            <td class="col2"><label for="nation">民族</label>
            </td>
            <td class="col3">*</td>
            <td    class="col4"    colspan="4"><select    name="nation"
id="nation" />
            <option value="0" selected>--请选择民族--</option>
            <option value='1'>汉族</option>
            <option value='2'>蒙古族</option>
            <option value='3'>回族</option>
            <option value='4'>藏族</option>
            <option value='5'>维吾尔族</option>
            <option value='6'>苗族</option>
            <option value='7'>彝族</option>
            <option value='8'>壮族</option>
            <option value='9'>布依族</option>
            <option value='10'>朝鲜族</option>
            <option value='11'>满族</option>
            <option value='12'>侗族</option>
            <option value='13'>瑶族</option>
            <option value='14'>白族</option>
            <option value='15'>土家族</option>
            <option value='16'>哈尼族</option>
            <option value='17'>哈萨克族</option>
            <option value='18'>傣族</option>
            <option value='19'>黎族</option>
            <option value='20'>傈僳族</option>
            <option value='21'>佤族</option>
```

```
                            <option value='22'>畲族</option>
                            <option value='23'>高山族</option>
                            <option value='24'>拉祜族</option>
                            <option value='25'>水族</option>
                            <option value='26'>东乡族</option>
                            <option value='27'>纳西族</option>
                            <option value='28'>景颇族</option>
                            <option value='29'>柯尔克孜族</option>
                            <option value='30'>土族</option>
                            <option value='31'>达斡尔族</option>
                            <option value='32'>仫佬族</option>
                            <option value='33'>羌族</option>
                            <option value='34'>布朗族</option>
                            <option value='35'>撒拉族</option>
                            <option value='36'>毛南族</option>
                            <option value='37'>仡佬族</option>
                            <option value='38'>锡伯族</option>
                            <option value='39'>阿昌族</option>
                            <option value='40'>普米族</option>
                            <option value='41'>塔吉克族</option>
                            <option value='42'>怒族</option>
                            <option value='43'>乌孜别克族</option>
                            <option value='44'>俄罗斯族</option>
                            <option value='45'>鄂温克族</option>
                            <option value='46'>德昂族</option>
                            <option value='47'>保安族</option>
                            <option value='48'>裕固族</option>
                            <option value='49'>京族</option>
                            <option value='50'>塔塔尔族</option>
                            <option value='51'>独龙族</option>
                            <option value='52'>鄂伦春族</option>
                            <option value='53'>赫哲族</option>
                            <option value='54'>门巴族</option>
                            <option value='55'>珞巴族</option>
                            <option value='56'>基诺族</option>
                        </select>
                    </td>
                </tr>
                <tr>
                    <td class="col2"><label>岗位类别</label>
                    </td>
                    <td class="col3">*</td>
                    <td    class="col4"    colspan="4"><input    type="radio"
id="rad_categorygeneral"
                            name="category" value="general"><label
                            for="rad_categorygeneral">普工</label>
                        <input    type="radio"    id="rad_categorymechanic"
name="category"
                            value="mechanic"><label
for="rad_categorymechanic">技工</label>
                        <input    type="radio"    id="rad_categorymanagement"
name="category"
                            value="management"><label
```

```
for="rad_categorymanagement">管理</label>
                                <input     type="radio"     id="rad_categoryothers"
name="category"
                                value="others"><label   for="rad_categoryothers">
其他</label>
                        </td>
                </tr>
                <tr>
                        <td class="col2"><label>特殊人员</label></td>
                        <td></td>
                        <td    class="col4"    colspan="4"><input    type="checkbox"
id="cb_special_1"
                                name="special"                    value="1"><label
for="cb_special_1">大龄人员</label>
                                <input      type="checkbox"      id="cb_special_2"
name="special" value="2"><label
                                for="cb_special_2">残疾人员</label>
                                <input      type="checkbox"      id="cb_special_3"
name="special" value="3"><label
                                for="cb_special_3">低收入家庭人员</label>
                                <input      type="checkbox"      id="cb_special_4"
name="special" value="4"><label
                                for="cb_special_4">长期失业人员</label>
                                <input      type="checkbox"      id="cb_special_5"
name="special" value="5"><label
                                for="cb_special_5">退役军人</label>
                                <input      type="checkbox"      id="cb_special_6"
name="special" value="6"><label
                                for="cb_special_6">应届毕业生</label>
                                <a href="#">相关政策</a>
                        </td>
                </tr>
                <tr>
                        <td class="col2"><label>求职状态</label>
                        </td>
                        <td class="col3">*</td>
                        <td     class="col4"     colspan="4"><input     type="radio"
id="rad_state_hunting"
                                name="state"                    value="hunting"><label
for="rad_state_hunting">求职中</label>
                                <input     type="radio"     id="rad_state_employed"
name="sex"
                                value="employed"><label
for="rad_state_employed">已就业</label>
                        </td>
                </tr>
                <tr>
                        <td    colspan="7"><button    id="btn_save"    type="submit"
name="btn_save">保存</button></td>
                </tr>
        </table>
    </form>
</section>
```

```
        </article>
```

　　编写 CSS 代码进行右侧部分内部样式设置：利用::before 伪元素选择器为面包屑导航添加前置装饰竖线；为表单域元素 form 设置固定宽度 900px，通过设置左右边距为 auto 使表单在右侧部分居中显示；表单内部通过表格进行格式规范，为内容相同的列设置相同的类 class，统一进行样式设置；利用属性选择器为选中单选、复选框设置宽度及边距，利用:focus 伪类选择器为表单元素设置获得焦点时的蓝色发光效果。完整 CSS 代码如下：

```
/* 右侧内容样式 */
/* 右侧当前位置 */
.title1{
width:100%;
color:#333;
font-size:18px;
height:40px;
background:#fff;
line-height:40px;
}
.title1:before{
content:'';
width:2px;
height:1.2em;
margin:0 1em 0 20px;
display: inline-block;
background: #009AE5;
vertical-align:middle;
}
/* 右侧表单标题 */
#title2{
font:24px 'YouYuan';
font-weight:700;
text-align: center;
color:#333;
line-height:4em;
}
/* 表单样式 */
form{
width:900px;
margin:0 auto;
color:#888;
font-weight: 300;
font-size:16px;
}
/* 表单内部表格样式 */
table{
margin:0;
padding:0;
width:100%;
}
td{
height:42px;
margin:0;
```

```css
padding:0;
}
/* 表格各列样式 */
.col1{
vertical-align:top;
}
.col2,.col5{
width:4em;
color:#333;
text-align:right;
}
.col3{
width:1em;
text-align: center;
color:red;
}
.col4,.col7{
font-size:14px;
}
/* 表格内部证件照样式 */
.col1 div{
width:90px;
margin:0 20px 20px 0;
    padding:3px;
border:1px #ccc solid;
text-shadow: -1px -1px rgb(0 0 0 / 30%);
 }
 .col1 img{
     width:90px;
 }


 /* 必填符号*样式 */
table span{
margin:0;
}
/* 单选、复选选项样式 */
.col4 label,.col7 label{
display:inline;
margin-right:8px;
}
input[type="checkbox"],input[type="radio"]{
width:14px;
margin:0;
margin-right:5px;
}
/* 输入框样式 */
/* 输入框通用样式 */
table .input{
padding:4px 6px;
width:180px;
height:24px;
border:1px #e2e5e9 solid;
font:16px 'YouYuan';
```

```
}
form input:focus{
border:0;
outline:0;
}
table .input:focus,table select:focus{
outline:none;
border:1px #2aaae6 solid;
box-shadow:0px 0px 5px #2aaae6;
}
/* 手机输入框样式 */
.phone{
width:180px;
height:24px;
line-height:28px;
background:#eee;
padding:4px 6px;
border:1px #ddd solid;
}
.phone:focus-within{
border:1px #2aaae6 solid;
box-shadow:0px 0px 5px #2aaae6;
}
.phone input{
border:0;
padding:0;
width:140px;
height:24px;
line-height:24px;
vertical-align: top;
font:16px 'YouYuan';
}
.phone input:focus{
border:0;
outline:0;
}
.phone a{
width:28px;
height:32px;
display: inline-block;
text-align: center;
border-left:1px #ddd solid;
margin:0;
padding:0 0 0 6px;
position: relative;
top:-4px;
}
/* 民族选择框样式 */
table select{
padding:4px 6px;
width:194px;
height:34px;
border:1px #e2e5e9 solid;
font:16px 'YouYuan';
```

```
}
/* 浏览/上传/保存按钮样式 */
#browse,#upload,button{
 color:#fff;
 border:0;
 outline:none;
 font-size:14px;
 display: inline-block;
 width:48px;
 height:30px;
 background:#1e9fff;
 border-radius: 4px;
}
#upload:hover,button:hover{
background:#5dade2;
}
/* input type="file"样式 */
#browse{
 opacity: 0;
 position: absolute;
 padding:4px;
 left:0;
 top:0;
}
#upfile span{
 display:inline-block;
 margin-left:10px;
 line-height:30px;
}
#upfile{
 color:#fff;
 border:0;
 font-size:14px;
 display: inline-block;
 width:48px;
 height:30px;
 margin:0;
 padding: 0;
 border:0;
 background:#009688;
 border-radius: 4px;
 overflow: hidden;
 vertical-align: top;
 position: relative;
}
#upfile:hover{
 background: #57aba3;
}
tr:last-child{
 text-align: center;
}
/* 获取验证码 */
form a{
 color:#009ae5;
 text-decoration:none;
 font-size:14px;
}
```

```
form a:hover{
text-decoration:underline;
}
```

4. 页脚

求职申请页面页脚部分与登录页面页脚相同，此处不做赘述，需在 HTML 文档中引入 footer.css 样式。

工作实施

根据知识准备和工作计划，参考相关案例，完成招聘网站求职申请页面的开发制作。

填写如表 2-20 所示的人员分工清单。

表 2-20　人员分工清单表

人员姓名	工作任务	备注

评价反馈

各自完成学习情境的开发并展示作品，介绍任务的完成过程。作品展示前应准备阐述材料，并完成评价表 2-21、表 2-22、表 2-23。

1. 学生进行自我评价。

表 2-21　学生自评表

班级：　　　　　　　　姓名：　　　　　　　　学号：

学习情境 3	制作招聘网站求职申请页面		
评价项目	评价标准	分值	得分
整体框架	能够完成页面整体框架的搭建	10	
页首、页脚	能够完成页面中页头和页脚的制作	5	
导航栏	能够完成导航栏的制作	5	
左右布局	能够结合 CSS 完成页面左右布局的设置	15	
左侧导航	能够结合 CSS 伪元素选择器完成左侧导航效果	15	
右侧表单	能够结合 CSS 完成求职申请表单的开发	30	
小组协调	小组成员能够合理分工、互相配合完成任务	10	
工作质量	根据项目开发过程及成果评定工作质量	10	
合计		100	

2. 学生展示过程中，以个人为单位，对以上学习情境的结果进行互评。

表 2-22　学生互评表

学习情境 3		制作招聘网站求职申请页面									
评价项目	分值	等级							评价对象		
									1	2	3	4
计划合理	10	优	10	良	9	中	8	差	6			
方案准确	10	优	10	良	9	中	8	差	6			
工作质量	20	优	20	良	18	中	15	差	12			
工作效率	15	优	15	良	13	中	11	差	9			
工作完整	10	优	10	良	9	中	8	差	6			
工作规范	10	优	10	良	9	中	8	差	6			
识读报告	10	优	10	良	9	中	8	差	6			
成果展示	15	优	15	良	13	中	11	差	9			
合计	100											

3．教师对学生工作过程和工作结果进行评价。

表 2-23　教师综合评定表

班级：　　　　　　　　　姓名：　　　　　　　　　学号：

学习情境 3		制作招聘网站求职申请页面		
评价项目		评价标准	分值	得分
考勤（20%）		无无故迟到、早退、旷课现象	20	
工作过程（50%）	环境管理	能正确、熟练使用 HBuilder 工具管理开发环境	5	
	方案制作	能根据技术能力快速、准确地制订工作方案	5	
	整体框架	能够完成页面整体框架的搭建	5	
	页首、页脚	能够完成页面中页头和页脚的制作	5	
	导航栏	能够完成导航栏的制作	5	
	左右布局	能够结合 CSS 完成页面左右布局的设置	5	
	左侧导航	能够结合 CSS 伪元素选择器完成左侧导航效果	5	
	右侧表单	能够结合 CSS 完成求职申请表单的开发	5	
	工作态度	态度端正，工作认真、主动	5	
	职业素质	能做到安全、文明、合法，爱护环境	5	
项目成果（30%）	工作完整	能按时完成任务	5	
	工作质量	能按计划完成工作任务	15	
	识读报告	能正确识读并准备成果展示各项报告材料	5	
	成果展示	能准确表达、汇报工作成果	5	
合计			100	

拓展思考

1．参考本学习情境，思考哪些类型的网站，以及哪些页面可能会运用到左右布局方式？

2．参考本学习情境，思考网站的哪些页面可能会运用到大量表单元素？复杂表单布局选择<div>布局还是<table>布局更好？

2.3 学习情境 4 制作招聘网站用户注册页面

学习情境描述

1. 教学情境

本学习情境的任务是制作一个招聘网站的用户注册页面,预期效果如图 2-21 所示。在本学习情境中,我们需要考虑与网站注册页面制作相关的各种内容,如页头、页脚、导航条、进度条、各类输入表单元素、表单必填项提示、表单填写提示等,通过将新学的知识技能与前面学习的内容相结合,进行综合运用,从而完成招聘网站用户注册页面的开发制作。

图 2-21 招聘网站用户注册页面预期效果图

2. 关键知识点

(1) CSS 中对于属性 width、height、position 的使用。

(2) CSS 中对于 text-overflow 属性的使用。

(3) CSS 中对于 padding 属性的使用。

(4) CSS 中对于 border、font-size、border-radius 属性使用。

3. 关键技能点

(1) 用户注册标题样式设计。

(2) 姓名、手机、密码等输入框样式设计。

(3) 短信验证按钮样式设计。

(4) 同意复选框样式设计。

(5) 提交按钮样式设计。

学习目标

1. 掌握网站中用户注册页面文本框样式的设计方法。

2．掌握网站中用户注册页面复选按钮样式的设计方法。

3．掌握网站中用户注册页面按钮样式的设计方法。

任 务 书

1．根据学习目标，开发一个用户注册页面，完成对用户注册页面文本框样式的设计。

2．根据学习目标，开发一个用户注册页面，完成对用户注册页面复选按钮样式的设计。

3．根据学习目标，开发一个用户注册页面，完成对用户注册页面按钮样式的设计。

获取信息

引导问题：

1．哪些网站需要设计用户注册功能？

_____

_____

2．验证码功能如何实现？

_____

_____

工作计划

1．制订工作方案（见表 2-24）

表 2-24　工作方案

步骤	工作内容

2．设计出此页面的功能

3．列出工具清单（见表 2-25）

表 2-25　工具清单表

序号	名称	版本	备注

4．列出技术清单（见表 2-26）

表 2-26　技术清单表

序号	名称	版本	备注

进行决策

1．根据引导、构思、计划等，各自阐述自己的设计方案。

2．对其他人的设计方案提出自己不同的看法。

3．教师结合大家完成的情况进行点评，选出最佳方案，并写出最佳方案。

知识准备

"制作招聘网站用户注册页面"知识分布网络如图 2-22 所示。

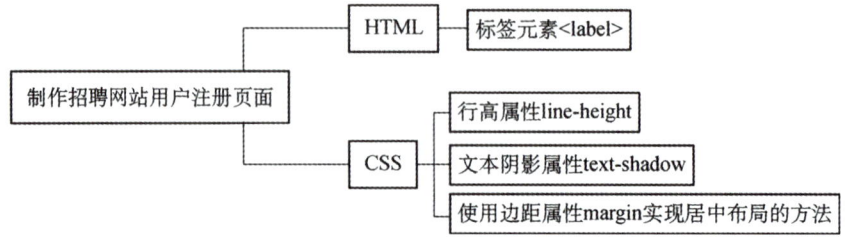

图 2-22　"制作招聘网站用户注册页面"知识分布网络

2.3.1 标签元素<label>

<label>标签为<input>元素定义标注。<label>元素不会向用户呈现任何特殊效果，但它为用户改进了可用性。在 label 元素内单击文本，就会触发相应控件，即当用户选择该标签时，浏览器就会自动将焦点转到和标签相关的表单控件上。要实现这一效果，<label>元素的 for 属性应当与相关输入元素<input>的 id 属性相同。

2.3.2 CSS 行高属性 line-height

在 CSS 中有 4 种与文本相关的线条，如图 2-23 所示，从上到下四条线分别是顶线 top、中线 middle、基线 baseline、底线 bottom。

图 2-23　文本垂直对齐基准线

字体大小 font-size：指一行顶线到底线的垂直距离，即图中绿线到紫线间的距离。

行高 line-height：指上下文本行的基线间的垂直距离，即图中两条红线间的垂直距离。行高 line-height 属性常用于设置文本垂直居中。

默认情况下，div 内部的文字显示在 div 顶部，可以通过 text-align:center 属性设置文本水平居中，但垂直居中不能直接使用 vertical-align:middle 实现，因为它定义的是行内元素的基线相对于其所在行的垂直对齐方式，而不是所在块元素的。

将 div 的行高设置为与其高度一致可以实现 div 内单行文本垂直居中对齐。

示例：

```
<head>
<style>
    div{
        width:300px;
        height:100px;
        line-height:100px;
        text-align:center;
        border:1px #000 solid;
    }
</style>
</head>
<body>
<div>
    单行文本垂直居中
</div>
</body>
```

2.3.3 CSS 文本阴影属性 text-shadow

CSS3 中，text-shadow 属性用于为文本添加阴影。其值由 4 个部分组成：水平阴影、垂直阴影、模糊距离、阴影颜色。

最简单的用法是只指定水平阴影和垂直阴影，模糊距离和阴影颜色可选。如需为文本添加多个阴影，则可添加","以分隔阴影列表。使用 text-shadow 属性创建 4 个方向上的无模糊阴影可以实现文本描边效果。

示例：

```
h1 {
  color: white;
  text-shadow: -3px 0 black, 0 3px black, 3px 0 black, 0 -3px black;
}
```

2.3.4 CSS 边距 margin 实现居中布局

目前主流的显示屏分辨率为 1440×900 或 1920×1080，随着科技进步 2K、4K 超高分辨率屏幕也越来越多。因此，设计制作网页时通常会在页面两侧留出一定边距，实际内容的宽度固定在一个范围内，通常为 900～1400px，这样既能确保网页内容完整显示，又能适配不同分辨率的屏幕。

CSS 的 margin 属性

网页制作中主体内容应用最广泛的尺寸是 1200px，小于主流显示屏宽度，为使用户获得较好的视觉感受，主体内容应居中显示，居中布局也是网页设计中最常用的布局方式之一。

上面我们已经学习了 CSS 盒模型，基于盒模型利用 CSS 的边距 margin 属性能够轻松实现居中布局：

● 为父元素.container 设置宽度 100%，即随浏览器宽度的变化而变化。

● 为内部的主体内容实际容器.content 设置宽度 1200px。

● 要在水平方向上使.content 始终位于.container 中间，需要将.content 水平方向上的外边距设置为 auto，即根据父元素宽度自动设置边距，该边距值为（父元素宽度−子元素宽度）/2，则子元素距离父元素左右两侧距离相等，实现居中布局。

示例：

```
<head>
<style>
    .container{
        width:100%;
        height:500px;
        line-height: 500px;
        font-size:24px;
        text-align: center;
        background:#ccc;
    }
    .content{
        width:1200px;
        height:100%;
        background:#ddd;
        margin:0 auto;
    }
</style>
</head>
<body>
```

```
<div class="container">
    <div class="content">
        主体内容宽度1200px
    </div>
</div>
</body>
```

执行结果如图 2-24 所示。

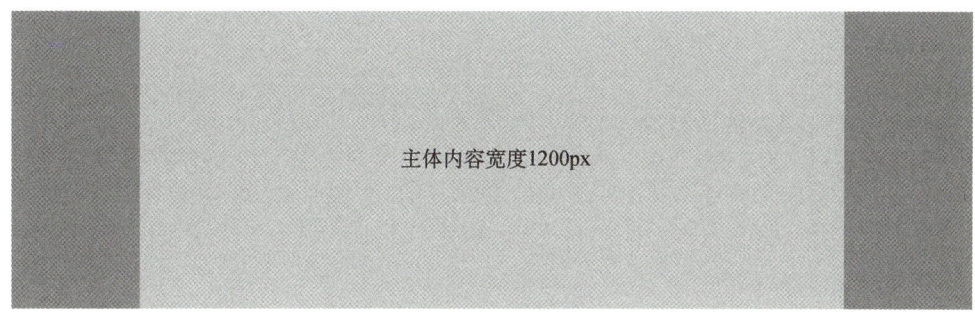

图 2-24　居中对齐示例

制作招聘网站用户
注册页面

相关案例

1. 页面整体布局

如图 2-25 所示，此页面采用了三行一列的居中布局形式，包含页头、主体内容部分及页脚。

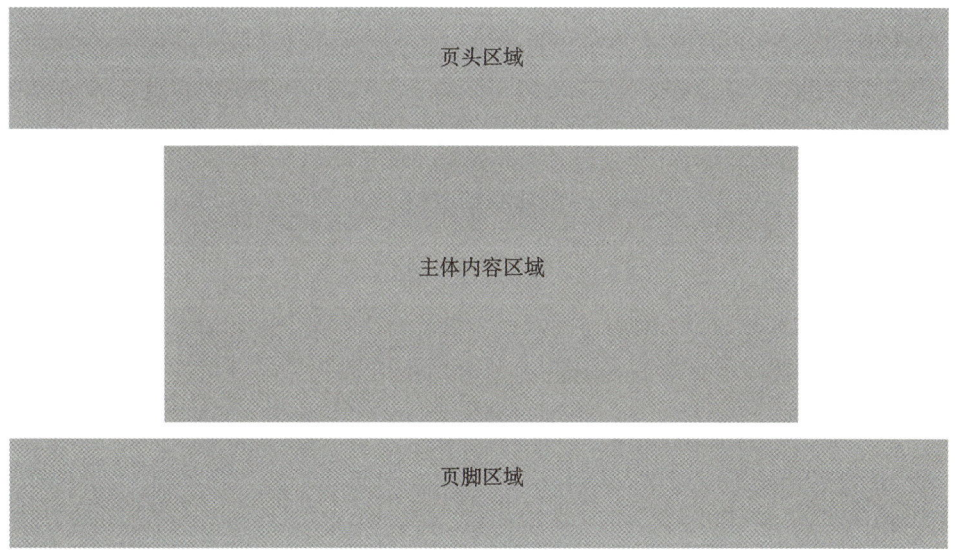

图 2-25　页面整体布局

根据内容结构，创建 register.html 文件，编写 HTML 代码如下：

```
<!DOCTYPE html>
<html>
 <head>
    <meta http-equiv="Content-Type" content="text/html; charset=UTF-8">
    <title>用户注册 - 郫都校企人力资源联盟网</title>
```

```
    <meta content="initial-scale=1.0, width=device-width" name="viewport">
</head>
<body>
    <!-页头 -->
    <header>
    </header>
    <!-中部 -->
    <section>
    <!-居中主体内容 -->
        <div>
        </div>
    </section>
    <!-页脚 -->
    <footer>
    </footer>
</body>
</html>
```

2. 页头

注册页面页头部分与登录页面页头相同,此处不做赘述,需在 HTML 文档中引入 header.css 样式。

3. 主体内容

注册页面主体内容要实现的效果如图 2-26 所示。

图 2-26　注册页面主体内容效果

主体内容包含一个表单,表单内包含标题、进度条、文本、密码类型必填输入元素、复选框、提交按钮、超链接。主体部分 section 内部 HTML 代码如下:

```
<section>
<div>
    <p id="title">个人注册</p>
    <div id="progress_bar">
        <div>
            <p>注册</p>
            <div class="line"></div>
        </div>
        <div>
            <p>完善信息</p>
            <div class="line"></div>
        </div>
        <div>
            <p>完成</p>
```

```
                <div class="line"></div>
            </div>
            <div class="clear"></div>
        </div>
        <form    action="http://pdrc.org.cn/login#"    id="hrefFm"    method="post"
name="hrefFm">
            <div>
                <label for="username">姓名</label>
                <div class="input">
                    <input id="username" type="text" name="username" placeholder="
姓名" required="true" />
                </div>
            </div>
            <div>
                <label for="phone">手机</label>
                <div class="input">
                    <input id="phone" type="text" name="phone" placeholder="请输
入您的手机号" required="true" />
                </div>
                <span>登录系统的用户名</span>
            </div>
            <div>
                <label for="password">密码</label>
                <div class="input">
                    <input    id="password"    type="password"    name="password"
placeholder="6-16 个英文字母和数字组成"
                        required="true" />
                </div>
            </div>
            <div>
                <label for="repassword">确认密码</label>
                <div class="input">
                    <input    id="repassword"    type="password"    name="password"
placeholder="确认密码" required="true" />
                </div>
            </div>
            <div>
                <label for="validation">短信验证</label>
                <div class="validation">
                    <span><input id="validation" type="text" name="validation"
placeholder="短信验证码"
                        required="true" /></span>
                    <a href="#">获取验证码</a>
                </div>
            </div>
            <p  class="proto"><input  type="checkbox"  name="proto"  id="proto"
/><label for="proto"> 注册代表您同意<a
                    href="#">《郸都校企慧使用协议和隐私条款》</a></label></p>
            <button  id="btn_register"  type="submit"  name="btn_register"> 注 册
</button>
        </form>
    </div>
</section>
```

创建 register.css 文件单独书写注册页面样式，并导入 register.html 文档。

在 register.css 文档中，利用 CSS 边距 margin 属性实现居中布局，同时令表单域元素 form 水平居中。使用 text-align 属性设置表单标题水平居中；通过::after 伪元素选择器及 background

73

属性实现进度条效果。CSS 代码如下：

```css
/* 主体内容样式 */
section{
width:100%;
background:#f5f5f5;
}
section>div{
width:1140px;
margin:0px auto;
padding:30px;
box-shadow:-1px -1px -5px #888888;
background:#f5f5f5;
}
/* 表单标题 */
#title{
font:24px 'YouYuan';
font-weight:700;
text-align: center;
color:#333;
}
/* 注册进度条 */
#progress_bar{
width:900px;
height:75px;
margin:40px auto 10px;
}
#progress_bar p{
text-align: center;
color:#666;
font:14px;
font-weight: 300;
}
#progress_bar>div{
width:300px;
float:left;
}
#progress_bar div:nth-child(1) .line{
height:6px;
margin:24px 0;
background: #009AE5;
}
#progress_bar div:nth-child(2) .line,#progress_bar div:nth-child(3) .line{
height:6px;
margin:24px 0;
background: #ddd;
}
#progress_bar div:nth-child(2) .line:hover,#progress_bar div:nth-child(3).
line:hover{
background: #009AE5;
}
#progress_bar .line::after{
display: inline-block;
width:24px;
height:24px;
line-height:24px;
font-size:14px;
border-radius:50%;
```

```
  color:#fff;
  position:relative;
  left:140px;
  top:-10px;
  text-align: center;
}
#progress_bar div:nth-child(2) .line::after,#progress_bar div:nth-child(3).
line::after{
  background: #ddd;
  color:#fff;
}
#progress_bar          div:nth-child(2)          .line:hover::after,#progress_bar
div:nth-child(3) .line:hover::after{
  background: #009AE5;
}
#progress_bar div:nth-child(1) .line::after{
 content:'1';
 background: #009AE5;
}
#progress_bar div:nth-child(2) .line::after{
 content:'2';
}
#progress_bar div:nth-child(3) .line::after{
 content:'3';
}
/* 表单样式 */
form{
width:532px;
margin:0 auto;
padding:30px;
color:#888;
font-weight: 300;
}
```

表单内部,通过伪元素选择器:focus-within 为输入表单元素 input 父元素设置输入框获得焦点时的蓝色发光效果。CSS 代码如下：

```
/* 信息输入表单 */
label{
display: inline-block;
width:70px;
margin-right:20px;
text-align: justify;
text-align-last:justify;
}
.input,.validation{
width:310px;
display: inline-block;
margin:0 auto;
background:#fff;
padding:4px;
border:1px #e2e5e9 solid;
margin-bottom:20px;
}
.input:focus-within,.validation:focus-within{
border:1px #2aaae6 solid;
box-shadow:0px 0px 5px #2aaae6;
}
```

```
input{
border:0;
padding:0;
width:280px;
height:28px;
font:18px 'YouYuan';
line-height:30px;
}
input:focus{
border:0;
outline:0;
}
.input::after,.validation span:after{
content:'*';
color:red;
line-height:30px;
margin:0 6px;
}
.validation span{
margin:0;
}
.validation input{
width:200px;
}
form span{
color:#009ae5;
font-size:12px;
margin-left:16px;
}
/* 获取验证码 */
form a{
color:#009ae5;
text-decoration:none;
font-size:14px;
}
form a:hover{
text-decoration:underline;
}
/* 同意协议 */
.proto{
font:14px 'YouYuan';
margin-bottom:20px;
line-height: 14px;
}
#proto{
width:14px;
margin-right:0.5em;
vertical-align: middle;
}
.proto label{
display: inline-block;
width:auto;
margin-right:20px;
text-align: justify;
```

```
  text-align-last:justify;
}
/* 登录按钮 */
#btn_register{
 width:302px;
 height:45px;
 margin:0 auto;
 display: block;
 border:0;
 border-radius:2px;
 background:#2787dd;
 color:#fff;
 font-size:16px;
 text-shadow: 0 -1px 0 rgb(0 0 0 / 25%)
}
#btn_register:hover{
    background:#5dade2;
}
```

4. 页脚

注册页面页脚部分与登录页面页脚相同，此处不再赘述，需在 HTML 文档中引入 footer.css 样式。

工作实施

根据知识准备和工作计划，参考相关案例，完成招聘网站用户注册页面的开发制作。

填写如表 2-27 所示的人员分工清单。

表 2-27　人员分工清单表

人员姓名	工作任务	备注

评价反馈

各自完成学习情境的开发并展示作品，介绍任务的完成过程。作品展示前应准备阐述材料，并完成评价表 2-28、表 2-29、表 2-30。

1. 学生进行自我评价。

表 2-28　学生自评表

班级：		姓名：		学号：	
学习情境 4		制作招聘网站用户注册页面			
评价项目		评价标准		分值	得分
整体框架		能够完成页面整体框架的搭建		10	

班级：	姓名：		学号：	
学习情境 4	制作招聘网站用户注册页面			
评价项目	评价标准		分值	得分
页首、页脚	能够完成页面中页头和页脚的制作		10	
导航栏	能够完成导航栏的制作		10	
进度条	能够结合 CSS 伪元素选择器完成页面中进度条的制作		25	
注册表单	能够结合 CSS 伪类选择器完成注册表单		25	
小组协调	小组成员能够合理分工、互相配合完成任务		10	
工作质量	根据项目开发过程及成果评定工作质量		10	
合计			100	

2．学生展示过程中，以个人为单位，对以上学习情境的结果进行互评。

表 2-29　学生互评表

学习情境 4		制作招聘网站用户注册页面								评价对象			
评价项目	分值	等级								1	2	3	4
计划合理	10	优	10	良	9	中	8	差	6				
方案准确	10	优	10	良	9	中	8	差	6				
工作质量	20	优	20	良	18	中	15	差	12				
工作效率	15	优	15	良	13	中	11	差	9				
工作完整	10	优	10	良	9	中	8	差	6				
工作规范	10	优	10	良	9	中	8	差	6				
识读报告	10	优	10	良	9	中	8	差	6				
成果展示	15	优	15	良	13	中	11	差	9				
合计	100												

3．教师对学生工作过程和工作结果进行评价。

表 2-30　教师综合评定表

班级：		姓名：		学号：	
学习情境 4		制作招聘网站用户注册页面			
评价项目		评价标准		分值	得分
考勤（20%）		无无故迟到、早退、旷课现象		20	
工作过程（50%）	环境管理	能正确、熟练使用 HBuilder 工具管理开发环境		5	
	方案制作	能根据技术能力快速、准确地制订工作方案		5	
	整体框架	能够完成页面整体框架的搭建		5	
	页首、页脚	能够完成页面中页头和页脚的制作		5	
	导航栏	能够完成导航栏的制作		5	
	进度条	能够结合 CSS 伪元素完成页面中进度条的制作		7	
	注册表单	能够结合 CSS 伪类选择器完成注册表单		8	
	工作态度	态度端正，工作认真、主动		5	

（续表）

班级：		姓名：	学号：		
学习情境 4		制作招聘网站用户注册页面			
评价项目		评价标准	分值	得分	
工作过程(50%)	职业素质	能做到安全、文明、合法，爱护环境	5		
项目成果(30%)	工作完整	能按时完成任务	5		
	工作质量	能按计划完成工作任务	15		
	识读报告	能正确识读并准备成果展示各项报告材料	5		
	成果展示	能准确表达、汇报工作成果	5		
合计			100		

拓展思考

1．参考本学习情境，思考不同类型的网站在进行用户注册页面设计时主要考虑哪些因素？

2．参考本学习情境，思考网站注册页面包含大量表单元素，如何复用典型表单元素的样式，以提高代码利用率？

单元 3　制作列表页面

网站列表页通常是信息的筛选、搜索页面，包含了多个内容板块。本单元将学习制作一个招聘网站的列表页面，本单元的内容具有一定的通用性、代表性和扩展性，通过学习本单元的内容，再举一反三可制作出类似的搜索列表页面。单元 3 教学导航如表 3-1 所示。

教学导航

表 3-1　单元 3 教学导航

知识重点	<ul>、<li>标签的使用 <dl>、<dt>、<dd>标签的使用 <datalist>标签的使用 @font-face CSS overflow CSS text-overflow CSS position(定位) CSS white-space
知识难点	<ul><li> 标签的使用 position 样式的设置
推荐教学方式	从学习情境入手，通过引导学生制作一个招聘网站职位列表页面，让学生掌握 HTML 中多种元素的用法和多列布局样式的用法；通过引导学生制作一个企业网站列表页面，让学生掌握 CSS 复杂布局样式的用法
建议学时	8 学时
推荐学习方法	网站的列表通常是一个信息筛选页面，要综合运用多种 HTML 标签和 CSS 样式，需多巩固前面的学习内容，再结合新知识点，实现效果图中的网页
必须掌握的理论知识	<ul><li>标签及属性 <datalist>标签及属性 @font-face 规则 overflow 样式属性 text-overflow 样式属性 position 样式属性 white-space 样式属性
必须掌握的技能	使用<ul><li>标签开发网页 使用<datalist>来扩展<input>标签 使用@font-face 属性并结合字体图标来开发网页 使用 overflow 属性美化网页 使用 text-overflow 属性美化网页 使用 position 属性美化网页 使用 white-space 属性美化网页

学习情境 5　制作招聘网站职位列表页面

学习情境描述

1．教学情境

本学习情境的任务是制作一个招聘网站的职位列表页面，最终效果如图 3-1 所示。在本学习情境中，我们需要考虑与网站列表制作相关的各种内容、布局，如页头、页脚、导航条、搜索栏、条件筛选栏、列表等，通过将新学的知识技能与前面学习的内容相结合，进行综合运用，从而完成招聘网站职位列表页面的开发制作。

图 3-1　招聘网站职位列表首页效果图

2．关键知识点

（1）<ul><li>的使用方法。

（2）<dl><dt><dd>的使用方法。

（3）<datalist>的使用方法。

（4）@font-face 结合 Font-Awesome 的使用方法。

（5）样式 overflow 属性的使用方法。

（6）样式 text-overflow 属性的使用方法。

（7）样式 position 属性的使用方法。

（8）样式 white-space 属性的使用方法。

（9）样式 cursor 属性的使用方法。

3．关键技能点

（1）使用<ul><li>标签制作下拉菜单。

（2）使用<dl><dt><dd>标签制作描述列表。

（3）使用<datalist>标签制作<input>标签的参考选项。

（4）使用@font-face 和 Font Awesome 实现字体图标效果。

（5）使用 overflow 属性实现内容溢出的效果。

（6）使用 text-overflow 属性实现文本溢出框体的效果。

（7）使用 position 属性实现网页布局定位的效果。

（8）使用 white-space 属性实现网站空白的处理效果。

学习目标

1．掌握综合运用 HTML5 和 CSS3 实现包含页头、页脚、导航栏、搜索栏、条件筛选栏、列表板块等的条件筛选型网页的技能。

2．掌握在网页中下拉菜单的制作方法。

3．掌握在网页中实现字体图标效果的方法。

4．掌握使用 CSS 样式实现搜索栏布局的方法。

5．掌握在网页中实现详情列表显示的方法。

任 务 书

1．完成招聘网站职位列表页的整体框架设计。

2．实现招聘网站职位列表页的页头、导航栏和页脚效果。

3．实现招聘网站职位列表页的搜索栏。

4．实现招聘网站职位列表页搜索栏的下拉菜单。

5．实现招聘网站职位列表页的条件筛选栏。

6．实现招聘网站职位列表页的项目列表板块。

获取信息

引导问题：

1．网站列表页一般需要包含哪些模块？

_____

_____

2．制作网站列表页的各个模块时需要用到哪些页面元素？

_____

_____

工作计划

1．制订工作方案（见表 3-2）

表 3-2　工作方案

步骤	工作内容

2．设计出此页面的功能

3．列出工具清单（见表 3-3）

表 3-3　工具清单

序号	名称	版本	备注

4．列出技术清单（见表 3-4）

表 3-4　技术清单

序号	名称	版本	备注

进行决策

1. 根据引导、构思、计划等，各自阐述自己的设计方案。

2. 对其他人的设计方案提出自己不同的看法。

3. 教师结合大家完成的情况进行点评，选出最佳方案，并写出最佳方案。

_____

_____

_____

知识准备

"制作招聘网站职位列表页面"知识分布网络如图 3-2 所示。

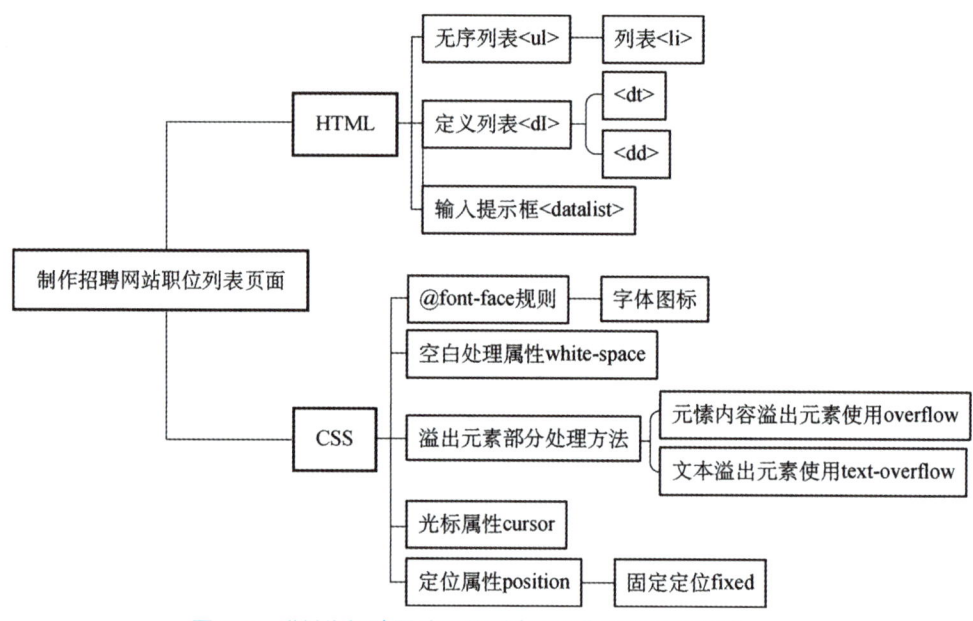

图 3-2   "制作招聘网站职位列表页面"知识分布网络

3.1.1   无序列表<ul>

<ul>标签的作用是定义无序列表。将<ul>标签与<li>标签一起使用，可以创建无序列表。<ul>标签的常用属性如表 3-5 所示。

li、ul、ol、dl 标签

表 3-5   <ul>标签常用属性

属性	描述
compact	规定列表呈现的效果比正常情况更小巧
type	规定列表的项目符号的类型。项目符号可选的类型有：disc（实心圆）、square（正方形）和 circle（空心圆）

示例：

```
<ul>
```

```
    <li>Coffee</li>
    <li>Tea</li>
    <li>Milk</li>
</ul>
```

可以在 <ul> 和 </ul> 标签之间放置<li>标签，实现无序列表。

3.1.2 列表项<li>

<li>标签定义列表项目。<li>标签可用在有序列表（<ol>）、无序列表（<ul>）和菜单列表（<menu>）中。本单元主要将<li>标签与<ul>标签结合使用，创建无序列表。<li>标签的常用属性如表 3-6 所示。

表 3-6   <li>标签常用属性

属性	描述
type	规定使用哪种项目符号。项目符号有 1、A、a、l、i、disc、square、circ
Value	规定列表项目的数字

示例：

```
<ol>
    <li>Coffee</li>
    <li>Tea</li>
    <li>Milk</li>
</ol>

<ul>
    <li>Coffee</li>
    <li>Tea</li>
    <li>Milk</li>
</ul>
```

3.1.3 定义列表<dl>

<dl>标签定义一个描述列表。

<dt>标签定义一个描述列表的项目/名字。

<dd>标签用于对一个描述列表中的项目/名字进行描述，在标签内能放置段落、换行、图片、链接、列表等。

使用方法：<dl>、<dt>（定义项目/名字）和<dd>（描述每一个项目/名字）一起使用，形成一个描述列表。

示例：

```
<dl>
    <dt>Coffee</dt>
        <dd>Black hot drink</dd>
    <dt>Milk</dt>
        <dd>White cold drink</dd>
</dl>
```

datalist 标签、overflow、
text-overflow 属性

3.1.4 <datalist>标签

<datalist>标签规定了<input>元素可能的选项列表。<datalist>标签用于为<input>元素提供

"自动完成"的特性。用户能看到一个下拉列表，里边的选项是预先定义好的，将作为用户的输入数据。

使用方法：使用<input>元素的 list 属性来绑定<datalist>元素。

示例：

```
<input list="browsers">
<datalist id="browsers">
  <option value="Internet Explorer">
  <option value="Firefox">
  <option value="Chrome">
  <option value="Opera">
  <option value="Safari">
</datalist>
```

3.1.5 @font-face 规则

@font-face 规则，网页设计师再也不必使用的"web-safe"的字体之一，可使用自定义字体。@font-face 规则的常用属性如表 3-7 所示。

● 字体的名称，font-face 规则：

```
font-family: Font Awesome;
```

● 字体文件包含在服务器上的某个地方，参考 CSS：

```
src: url('fontawesome-webfont.ttf ')
```

● 如果字体文件在不同的位置，请使用完整的 URL：

```
src: url(' https://netdna.bootstrapcdn.com/font-awesome/4.7.0/font/fontawesome-webfont.ttf')
```

表 3-7　@font-face 规则的常用属性

属性	描述
font-family	定义该字体的名称(必填)
src	定义该字体下载的网址（S）(必填)
font-stretch	定义该字体应该如何被拉长。可选值有 normal、condensed、ultra-condensed、extra-condensed、semi-condensed、expanded、semi-expanded、extra-expanded、ultra-expanded。默认值是"normal"
font-style	定义该字体应该是怎样的样式。可选值有 normal、italic、oblique。默认值是"normal"
font-weight	定义该字体的粗细。可选值有 normal、bold、100、200、300、400、500、600、700、800、900。默认值是"normal"
unicode-range	定义该字体支持 Unicode 字符的范围。默认值是"ü+0-10 FFFF"

示例：

```
@font-face {
  font-family: 'FontAwesome';
  src:        url('fontawesome-webfont.eot')        format('embedded-opentype'),
url('fontawesome-webfont.woff2')                             format('woff2'),
url('fontawesome-webfont.woff') format('woff'),
  url('fontawesome-webfont.ttf') format('truetype'),
  url('fontawesome-webfont.svg') format('svg');
```

```
    src: url('fontawesome-webfont.eot?v=4.7.0');
    font-weight: normal;
    font-style: normal;
}
```

3.1.6　white-space 属性

在 CSS 样式表中，white-space 属性指定元素内的空白怎样处理。其参考属性如表 3-8 所示。

表 3-8　white-space 的参考属性

值	描述
normal	默认。空白会被浏览器忽略
pre	空白会被浏览器保留。其行为方式类似 HTML 中的 <pre> 标签
nowrap	文本不会换行，文本会在同一行上继续，直到遇到 标签为止
pre-wrap	保留空白符序列，但是正常地进行换行
pre-line	合并空白符序列，但是保留换行符
inherit	规定应该从父元素继承 white-space 属性的值

规定段落中的文本不进行换行，示例：

```
p{
white-space: nowrap;
}
```

3.1.7　overflow 属性

在 CSS 样式表中，overflow 属性用于指定如果内容溢出一个元素的框，会发生什么。其参考属性如表 3-9 所示。

表 3-9　overflow 的参考属性

值	描述
visible	默认值。内容不会被修剪，会呈现在元素框之外
hidden	内容会被修剪，并且其余内容是不可见的
scroll	内容会被修剪，但是浏览器会显示滚动条以便查看其余的内容
auto	如果内容被修剪，则浏览器会显示滚动条以便查看其余的内容
inherit	规定应该从父元素继承 overflow 属性的值

设置不同 overflow 属性值，示例：

```
div.ex1 {
    overflow: scroll;
}
div.ex2 {
    overflow: hidden;
}
div.ex3 {
    overflow: auto;
}
div.ex4 {
    overflow: visible;
}
```

3.1.8　text-overflow 属性

在 CSS 样式表中，text-overflow 属性指定当文本溢出包含它的元素时，应该如何显示，如可以设置溢出后，文本被剪切、显示省略号（...)或显示自定义字符串（不是所有浏览器都支持）。在使用 text-overflow 的时候，需要以下两个属性配合：

- white-space: nowrap。
- overflow: hidden。

text-overflow 的参考属性如表 3-10 所示。

表 3-10　text-overflow 的参考属性

值	描述
clip	剪切文本
ellipsis	显示省略符号（...）来代表被修剪的文本
string	使用给定的字符串来代表被修剪的文本
initial	设置为属性默认值
inherit	从父元素继承该属性值

示例：

```
div.test {
    text-overflow: ellipsis;
}
```

3.1.9　cursor 属性

cursor 属性定义了鼠标指针放在一个元素边界范围内时所用的光标形状。它的常用值如表 3-11 所示。

表 3-11　cursor 属性的常用值

值	描述
default	默认光标（通常是一个箭头）
pointer	光标呈现为指示链接的指针（一只手）
move	此光标指示某对象可被移动
text	此光标指示文本
wait	此光标指示程序正忙
help	此光标指示可用的帮助
crosshair	光标呈现为十字线

3.1.10　position 属性

在 CSS 样式表中，position 属性指定一个元素（静态的，相对的，绝对或固定）的定位方法的类型。其参考属性如表 3-12 所示。

表 3-12　position 的参考属性

值	描述
absolute	生成绝对定位的元素,相对于 static 定位以外的第一个父元素进行定位。元素的位置通过 "left""top""right" 及"bottom" 属性进行规定

（续表）

值	描述
fixed	生成固定定位的元素，相对于浏览器窗口进行定位。元素的位置通过 "left""top""right"及"bottom" 属性进行规定
relative	生成相对定位的元素，相对于其正常位置进行定位。因此，"left:20" 会向元素的 left 位置添加 20 像素
static	默认值。没有定位，元素出现在正常的流中（忽略 top、bottom、left、 right 或者 z-index 声明）
sticky	它的行为就像"position:relative;"，而当页面滚动超出目标区域时，它的表现就像"position:fixed;"，它会固定在目标位置。注意: Internet Explorer、Edge 15 及更早 IE 版本不支持 sticky 定位。Safari 需要使用 -webkit-prefix
inherit	规定应该从父元素继承 position 属性的值
initial	设置该属性为默认值

示例：

```
h2{
    position: absolute;
    left: 100px;
    top: 150px;
}
```

相关案例

1. 页面整体布局

制作招聘网站职位
列表页面

如图 3-3 所示，此页面采用了三行的布局形式，其中包括了头部区域、内容区域、底部区域。

根据内容结构，编写 HTML 代码如下：

```
<!DOCTYPE html>
<html>
 <head>
     <meta charset="UTF-8">
     <title>职位搜索 - 郫都校企人力资源联盟网</title>
 </head>
 <body>
     <!-- 头部 -->
     <header  style="height:  140px;  text-align:  center;  font-size:  32px;
background-color: #AAA;">
         头部
     </header>
     <!--头部 结束 -->
     <!--页面内容区域 开始-->
     <div id="content" style="height: 500px; font-size: 32px; background-color:
#ccc; text-align: center; ">
         内容
     </div>
     <!--页面内容区域 结束-->
     <!--底部 开始-->
     <footer style="height: 130px; background-color: #e6e6e6; font-size: 32px;
">
         底部
     </footer>
     <!--底部结束-->
```

89

```
    </body>
    </html>
```

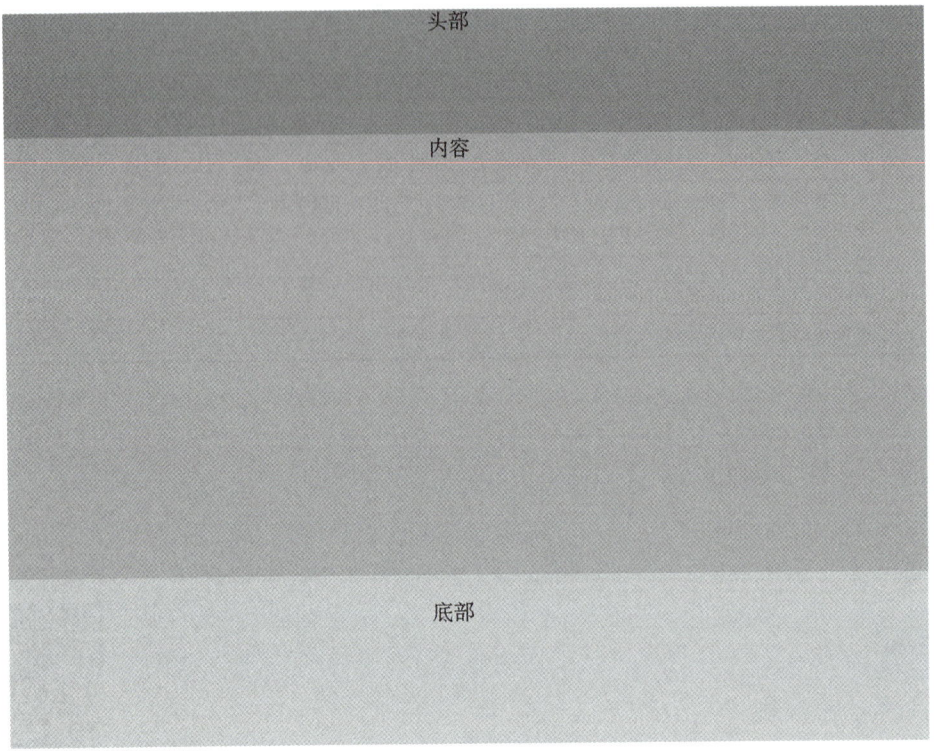

图 3-3　页面整体布局

2. 页头

本页面的页头部分与登录页面页头相同，可参考登录页面页头进行设计，此处不再赘述。实现的效果如图 3-4 所示。

图 3-4　页头效果

3. 列表页内容主体

此部分对列表内容的架构进行设计，将列表内容分为 6 个部分，分别是提示板块、搜索板块、条件筛选板块、列表头板块、列表主体板块和列表底部板块，具体如图 3-5 所示。这 6 个部分分为 6 行进行编码设计，实现的效果如图 3-6 所示。

主要框体的 HTML 代码为：

```
<div id="content">
  <div class="portlet-layout row-fluid" style="width: 1200px; margin:0 auto;
padding-top: 20px; min-height: 500px;">
      <div class="portlet-column portlet-column-only span12">
          <section class="portlet">
              此处具体写入每部分内容
          </section>
      </div>
```

```
</div>
</div>
```

CSS 代码为：

```
#content {
    background: #f5f5f5;
    min-height: 440px;
}
.row-fluid {
width: 100%;
*zoom: 1
}
.row-fluid:before,
.row-fluid:after {
display: table;
content: "";
line-height: 0
}
.row-fluid:after {
clear: both
}
```

定义好列表内容的架构后，后面将具体为每部分进行设计。

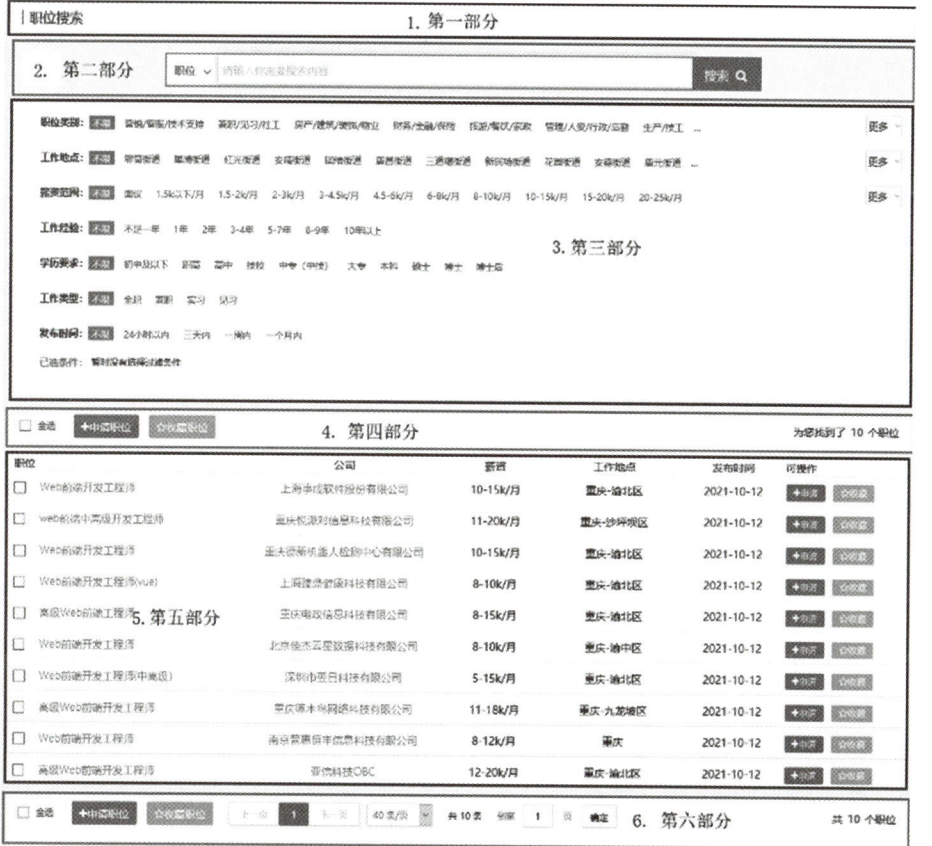

图 3-5　列表页设计详细图

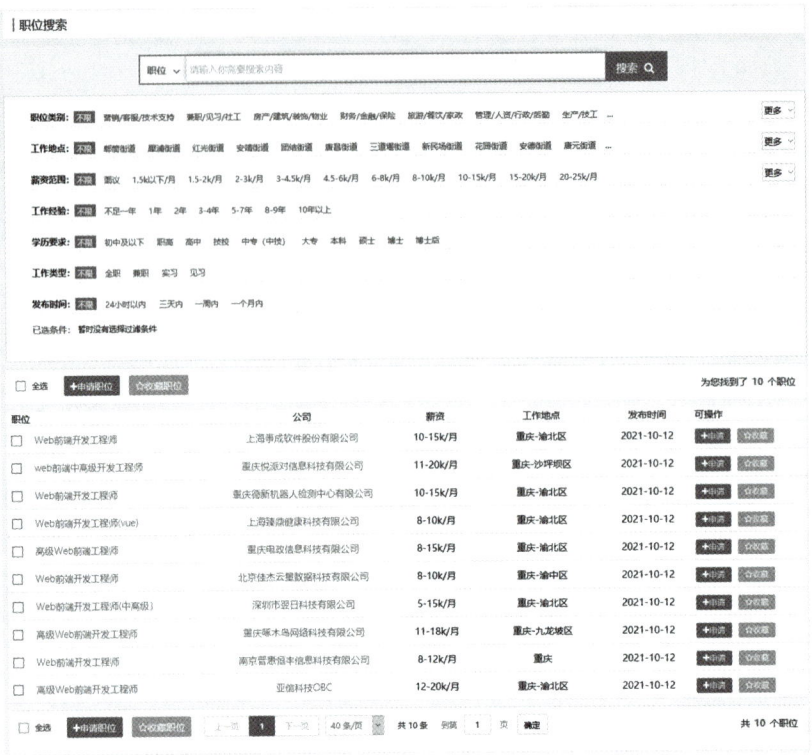

图 3-6　列表页设计效果图

4. 提示板块

本板块实现提示栏，显示本页面的主体功能。效果图如图 3-7 所示。

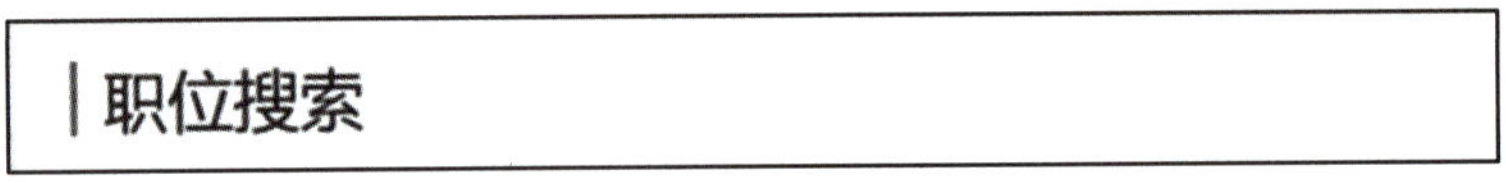

> ┃职位搜索

图 3-7　提示板块效果图

主要 HTML 代码为：

```html
<h1 class="portlet-title">
<span class="portlet-title-text">职位搜索</span>
</h1>
```

CSS 代码为：

```css
.portlet-topper {
    background: #fff;
    color: #273579;
    padding: 0;
}
.portlet-topper .portlet-title {
    font-size: 1em;
    font-weight: normal;
    line-height: 40px;
    height: 40px;
    margin: 0;
    padding: 0;
```

```
}
.portlet-topper .portlet-title .portlet-title-text {
    background: url(../img/title-bg.png) no-repeat 15px center;
    height: 40px;
    font-size: 18px;
    padding-left: 25px;
    color: #333;
}
.portlet-title-text {
    display: inline-block;
    max-width: 95%;
    overflow: hidden;
    text-overflow: ellipsis;
    vertical-align: top;
    white-space: nowrap;
}
```

【属性说明】

overflow 属性：元素溢出内容处理方式，这里处理为隐藏溢出部分。

text-overflow 属性：文本内容溢出包含它的元素的处理方式。这里处理为溢出部分使用"…"来代替原始内容。

white-space 属性：设置空白怎么处理。这里文本不会换行，文本会在同一行上继续显示，直到遇到
标签才进行换行。

5. 搜索板块

此部分是每一个列表搜索页必不可少的一部分。随着海量数据呈现在网页上，用户需要通过搜索才能找出自己需要的信息。因此，此部分是每一个列表页不可或缺的一部分。本单元将搜索板块一共分为 4 个部分，分别是：搜索类别、搜索框、搜索提示框和搜索按钮。

● 搜索类别：对于搜索类别部分设计一个下拉菜单，供用户自主选择。使用 CSS 样式表中的 hover 属性来实现。

● 搜索框：此部分供用行输入查找的信息，为了方便用户输入，此部分设计了提示框，即搜索提示框（datalist）。

● 搜索按钮：此处设计为一个按钮，为了使按钮更加美观，可以引入字体图标进行装饰。

由上述可得，此部分需设计 4 个部分，其中搜索提示框辅助搜索框部分，因此设计为 3 列。最终的效果如图 3-8 所示。

图 3-8　搜索板块效果图

搜索板块整体架构的 HTML 代码为：

```
<div class="portlet-content">
<div class="pagewrap">
    <div class="searchBox">
```

```
            <div id="searchTxt" class="searchTxt"></div>
       </div>
   </div>
</div>
```

CSS 代码为:

```
.portlet-content{
    border-radius: 0 0 3px 3px;
    border-top-width: 0;
    padding: 12px 0;
}
.pagewrap {
    margin: 0 auto;
    width: 100%;
    background: #f8f8f8;
    padding-top: 14px;
    padding-bottom: 20px;
}
.searchBox {
    width: 100%;
}
.searchTxt {
    width: 786px;
    height: 40px;
    border: 2px solid #11a7fe;
    position: relative;
    z-index: 20;
    background: #fff;
    line-height: 40px;
    left: 50%;
    margin-left: -393px;
    margin-bottom: 15px;
}
```

【属性说明】

position 属性:元素和元素布局方式,此处使用 relative 相对位置。

(1)搜索类别部分

搜索类别分为:"职位""地点""类型"三类,用户可根据自己的个性化需求进行选择。此部分设计为下拉菜单的方式供使用,当用户想切换搜索类别时,通过下拉菜单进行选择切换。此部分的效果如图 3-9 所示,下拉菜单的具体设计步骤如下。

① 创建下拉菜单

"职位""地点""类型"列表是本部分主要的页面元素,它们的设计方法比较类似,因此将其放置到一个<ul>中,而且它们都包含了元素的高度、宽度、位置、内外边距等属性,具体设计代码如下。

HTML 代码为:

```
<div class="searchMenu">
 <div class="searchSelected" id="searchSelected">职位
    <div class="searchTab" id="searchTab">
        <ul>
            <li class="">类型</li>
```

```
            <li>地点</li>
        </ul>
    </div>
 </div>
</div>
```

CSS 代码为:

```
.searchTxt .searchMenu {
float: left;
}
.searchTxt .searchMenu .searchSelected {
    color: #11a7fe;
    cursor: pointer;
    font-size: 14px;
    font-weight: bold;
    height: 40px;
    line-height: 40px;
    padding: 0 10px;
    width: 48px;
    background-position: 0px -45px;
    margin-left: 1px;
}
.searchSelected {
    background-image: url(../img/searchbg.png);
    background-repeat: no-repeat;
}
.searchTxt .searchMenu .searchTab {
    display: none;
    position: absolute;
    top: 40px;
    left: -2px;
    border: 2px solid #11a7fe;
    border-top: 0;
    background: #fff;
    z-index: 20;
}
.searchTxt .searchMenu .searchTab ul{
margin: 0;
padding: 0;
}
.searchTxt .searchMenu .searchTab li {
    width: 56px;
    height: 38px;
    line-height: 38px;
    color: #11a7fe;
    font-size: 14px;
    font-weight: bold;
    text-indent: 10px;
    cursor: pointer;
}
.searchTxt .searchMenu .searchTab li:hover {
background: #edf3fc;
color: #6994c1;
}
```

② 显示下拉菜单

当光标移动到此部分,下拉菜单自动显示,通过控制 searchSelected 的 hover 属性进行实现。

具体 CSS 代码如下：

```
.searchTxt .searchMenu:hover .searchTab{
display: block;
}
```

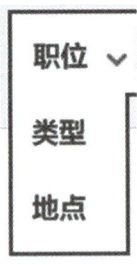

图 3-9　搜索类别图

（2）搜索框和搜索提示框部分

此部分供用户输入信息和显示相关提示，因此此部分要将<input>和<datalist>标签相结合，效果如图 3-10 所示。

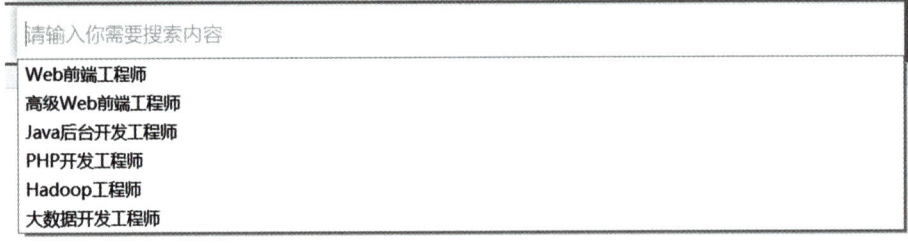

图 3-10　搜索输入框图

<input>和<datalist>之间，通过<datalist>标签的 id 属性与<input>标签的 list 属性进行绑定，具体代码如下。

HTML 代码为：

```
<input name="keyWord" class="keyWord" id="keyWord" type="text" placeholder="
请输入你需要搜索内容" list="portlet-search-list"/>
<datalist id="portlet-search-list">
<option value="Web 前端工程师">
<option value="高级 Web 前端工程师">
<option value="Java 后台开发工程师">
<option value="PHP 开发工程师">
<option value="Hadoop 工程师">
<option value="大数据开发工程师">
</datalist>
```

CSS 代码为：

```
.searchTxt .keyWord {
    border: 0px!important;
    background: #fff;
    width: 615px;
    height: 30px!important;
    margin: 0;
```

```
    float: left;
    line-height: 30px;
    font-size: 14px;
    line-height: 20px;
    vertical-align: middle;
    display: inline-block;
    transition: border linear .2s,box-shadow linear .2s;
    background-color: white;
    color: #8d8d8d;
    font-weight: 200;
    padding: 5px 6px 2px 6px;
    -webkit-box-shadow: inset  0  1px  1px  rgba(0,0,0,0.075),  0  0  8px
rgba(82,168,236,0.6);
    -moz-box-shadow:    inset   0    1px    1px    rgba(0,0,0,0.075),0   0   8px
rgba(82,168,236,0.6);
    box-shadow: inset 0 1px 1px rgba(0,0,0,0.075), 0 0 8px rgba(82,168,236,0.6);
  border-color: rgba(0,172,255,0.8);
  }
  .searchTxt .keyWord:focus {
    border-color: rgba(0,172,255,0.8);
  }
```

（3）搜索按钮

由于传统的按钮放置在页面中，页面的美观和辨识度不高。因此在本部分把字体图标加入按钮中，使按钮的显示效果更加美观。最终效果如 3-11 所示。

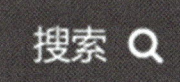

图 3-11　搜索效果图

下面进行字体图标设计。

① 导入字体图标库

这里使用 Font-Awesome 字体图标，首先将字体库从官网中下载下来（下载地址 https：//fontawesome.dashgame.com）；再将下载好的字体库进行解压；然后将其导入到项目中，放置在 ccs 文件夹下的 font 文件夹中，文件放置位置图如图 3-11 所示；最后，在页面的 head 部分引入字体图标样式。代码如下：

```
    <link         href="./css/font/font-awesome-4.7.0/css/font-awesome.min.css"
rel="stylesheet" type="text/css"/>
```

图 3-12　字体库位置图

② 字体图标的使用方法

Font Awesome 图标几乎可以使用在网页的任何地方，只需要使用 CSS 前缀 fa，再加上图标名称。Font Awesome 是为使用内联元素而设计的。人们通常更喜欢使用<i>，因为它更简洁。

但实际上使用 <span>才能更加语义化。

使用字体图标的代码如下：

```
<i class="fa fa-camera-retro"></i> fa-camera-retro
```

这里的"fa-camera-retro"表示使用照相机图标，可根据需求将其改为所需的图标。字体图标的参考范围详见字体库的官网。

综上所述，搜索按钮的具体设计代码如下。

HTML 代码为：

```
<button id="searchBtn" type="submit">搜索 
<i class="fa fa-search"></i>
</button>
```

CSS 代码为：

```
#searchBtn {
    background-color: #11a7fe;
    border: 2px solid #11a7fe!important;
    color: #fff;
    cursor: pointer;
    font-size: 16px;
    height: 42px;
    width: 90px;
    float: left;
    text-align: center;
}
#searchBtn:Hover {
    font-size: 18px;
}
```

以上 4 个部分设计好以后，搜索板块就设计完成了。接下来开始设计条件筛选板块。

6. 条件筛选板块

在海量数据的网页中，搜索出的满足条件的数据仍然有许多，因此，如果需要更加准确地找出所需的内容，还需要进一步筛选。由此，此部分在列表页中，起着锦上添花的作用，有利于用户更快、更精准地定位到内容。

本单元以招聘网站为背景，根据调查求职者在找工作时的关注点，选择了以下条件进行筛选：职位类别、工作地点、薪资范围、工作经验、学历要求、工作类型和发布时间。具体的效果如图 3-13 所示。

图 3-13　条件筛选效果图

　　由于有多个筛选条件，为了页面的美观，设计本部分时，可以使用无序列表<ul>进行设计，在后面也可以使用描述列表对选择的条件进行显示，具体的代码如下。

　　HTML 代码为：

```
<div class="search-box">
<ul class="sc">
    <li class="select-list">
        <div class="jobType"> <em>职位类别：</em>
        <div        class="sc-content"        id="search-job"        style="float:
left;margin-right: 50px;">
        <a href="#" class="selectedA">不限</a>
        <a href="#">营销/客服/技术支持</a>
        <a href="#">兼职/见习/社工</a>
        <a href="#">房产/建筑/装饰/物业</a>
        <a href="#">财务/金融/保险</a>
        <a href="#">旅游/餐饮/家政</a>
        <a href="#">管理/人资/行政/后勤</a>
        <a href="#">生产/技工</a>
        <a href="#">医学/化工/食品/服装</a>
        <a href="#">IT/通信</a>
        <a href="#">能源/环保/农业</a>
        <a href="#">电子/电器/仪表/仪器</a>
        <a href="#">机械/电气/汽车/模具</a>
        <a href="#">零售/物流/交运/贸易</a>
        <a href="#">广告/设计/媒体/艺术</a>
        <a href="#">教育/法律</a>
        </div><span id="Control1" class="hidecheck" style="margin-right:0 ;">
更多</span>
    </div></li>
    <li>…</li> …
    <li>…</li> …
    <li class="select-result">
        <dl> <dt>已选条件：</dt>
        <dd class="select-no">暂时没有选择过滤条件</dd>
        </dl>
    </li>
</ul>
</div>
```

　　CSS 代码为：

```
.search-box {
    width: 1200px;
    height: auto;
    border: 1px solid #e1e1e1;
    margin: 0 auto 10px;
    background: #fff;
}
em { font-weight: bolder; padding: 10px 0 5px 0px;}
.sc {padding: 10px 15px!important;}
.sc li {
    min-height: 20px;
    _height: 20px;
```

```
        line-height: 20px;
        position: relative;
        font-size: 13px;
        padding-left: 5em;
        margin-bottom: 10px;
        list-style: none;
    }
    .select-list { border-bottom: #eee 1px dashed; padding: 10px 0 5px 100px;}
    .sc-content {
        display: inline-block;
        width: 80%;
        height: 20px;
        line-height: 2;
        font-size: 12px;
        overflow: hidden;
        -ms-text-overflow: ellipsis;
        text-overflow: ellipsis;
        white-space: nowrap;
    }
    .sc em {
        position: absolute;
        left: 0px;
        top: 0px;
        white-space: nowrap;
        color: #333;
        font-style: normal;
    }
    .sc a.selectedA {background: #11a7fe; color: #FFF; text-decoration: none;}
    .sc a {
        display: inline-block;
        height: 20px;
        line-height: 20px;
        padding: 0 5px;
        margin-right: 5px;
        color: #666;
    }
    .pagewrap a { text-decoration: none;}
    .sc a:hover { color: #fff; background: #11a7fe;text-decoration: none;    cursor:
pointer;}
    .hidecheck {
        width: 32px;
        height: 20px;
        border: 1px solid #ddd;
        line-height: 20px;
        padding: 2px 12px 2px 3px;
        margin-top: -5px;
        display: block;
        float: right;
        background: url(../img/disc_icon3.png) no-repeat 38px center #ffffff;
        margin-right: 50px;
    }
    .hidecheck:hover { cursor: pointer;}
    .select-result dl { zoom: 1; position: relative; line-height: 24px;}
```

```
.select-result dt {
    color: #11a7fe;
    width: 100px;
    margin-bottom: 5px;
    position: absolute;
    top: 0;
    left: -100px;
    text-align: right;
    height: 24px;
    line-height: 24px;
    font-weight: bold;
}
.select-result dd { float: left; display: inline; margin: 0 0 5px 5px;font-size:
12px;}
.select-result dl:after { display: block; clear: both; height: 0; overflow:
hidden;}
.select-result a {
padding-right: 20px;
background:                                                              #11a7fe
url(http://pdrc.org.cn:80/recruits-portlet/images/close.gif)      right       9px
no-repeat!important;
    }
```

由于工作地点、薪资范围、工作经验、学历要求和工作类型设计方式相同，所以此处没有给出全部的 HTML 代码，只需要将 HTML 代码复制再将内容添加进去即可。

在"已选条件"处，使用了一个定义列表<dl>，来记录已经选择的条件。

7. 详情列表框架

由于查找后出现的列表中存在着许多的可选择项，于是将详情列表分为 3 部分，分别是详情列表头、详情列表主体和详情列表底部。

（1）详情列表头：为了使对多个列表项进行批处理操作便捷，设计详情列表头板块。

（2）详情列表主体：显示可选的列表选项。

（3）详情列表底部：为了对多个列表项分页显示，设置列表选项的分页显示。

具体设计如下。

HTML 代码为：

```
<!--列表部分 开始-->
<div class="jobListWrap" style="width: 1200px !important;">
<div class="jobListPart1">
    列表头 部分
</div>
<!-列表主体 开始-->
<div class="joblist joblist-header"> …</div>
<div class="joblist">…</div>
<!-列表主体 结束-->
<div class="jobListPart1">
    列表底部 部分
</div>
</div>
```

CSS 代码为：

```
.jobListWrap { width: 100%; margin: 0 auto;}
.jobListPart1 {
    background-color: #fafafa;
    border-top: 1px solid #e8e8e8;
    border-bottom: 1px solid #e8e8e8;
    margin: 10px auto;
    padding: 10px 15px;
    background: #FFF;
    border-bottom: 1px solid #eee;
    position: relative;
    min-height: 32px;
}
.jobListPart1:after, .joblist:after {; display: block; clear: both;}
.joblist{background:    #fff;border-bottom:    1px    solid    #eee;height:
40px;line-height: 40px;}
```

（1）详情列表头板块

对列表中的职位进行批量申请和收藏，具体设计效果如图 3-14 所示。

图 3-14   详情列表头效果图

HTML 代码如下：

```
<div class="jobListPart1">
<div style="float: left;">
    <input  name="check_all"  type="checkbox"  class="check_all"  id="check"
style="width: 15px; height: 15px;margin: 0px;" />
    <label  for="check"  style="display: inline;margin-left: 5px;font-size:
12px;">全选</label>
    <button  style="margin-left: 20px;"  class="layui-btn layui-btn-normal
layui-btn-sm" ><i class="fa fa-plus"></i>申请职位</button>
    <button  style="margin-left: 10px;"  class="layui-btn  layui-btn-warm
layui-btn-sm" ><i class="fa fa-star-o"></i>收藏职位</button>
</div>
    <div class="totalResult" style="float: right;">为您找到了<strong>10</strong>
个职位</div>
</div>
```

CSS 代码为：

```
input[type="checkbox"]:focus {
    outline: thin dotted #333; outline-offset: -2px;
    outline: 5px auto -webkit-focus-ring-color;
}
.layui-btn{
-webkit-appearance: button;
margin: 0;
vertical-align: middle;
display: inline-block;
    height: 38px;
    line-height: 38px;
    padding: 0 18px;
```

```
        background-color: #009688;
        color: #fff;
        white-space: nowrap;
        text-align: center;
        font-size: 14px;
        border: 0;
        border-radius: 2px;
        cursor: pointer;
        -webkit-transition: all .3s;
        box-sizing: border-box;
    }
.layui-btn-normal { background-color: #1e9fff;}
.layui-btn-sm { height: 30px; line-height: 30px; padding: 0 10px;}
.layui-btn:hover { opacity: .8; filter: alpha(opacity=80); color: #fff;}
.layui-btn-warm { background-color: #ffb800;}
.totalResult, .page {float: left;  height: 30px; line-height: 30px;}
.totalResult { margin-left: 12px;}
.totalResult strong { color: #2e8bd3; padding: 6px;}
```

（2）详情列表主体板块

各个职位详情的设计代码都比较类似，这里参考"Web 前端开发工程师"职位的代码进行列表样式的设计，首先需要自定义职业详情的样式，对详情列表的布局、内边距、外边距等属性进行设置，具体代码如下。

HTML 代码为：

```
<div class="joblist joblist-header">
<span class="listItem1">职位</span>
<span class="listItem2">公司</span>
<span class="listItem3">薪资</span>
<span class="listItem4">工作地点</span>
<span class="listItem5">发布时间</span>
<span class="listItem6">可操作</span>
</div>
<div class="joblist">
<span class="listItem1">
<input    name="check"    type="checkbox"    class="check_one"    id="check"
value="8539,6576" style="width: 15px; height: 15px;margin: 0px;" />
    <a href="./detail.html" target="_blank" class="jobname" >Web 前端开发工程师
</a></span>
    <span    class="listItem2"><a    href="./detail.html"    target="_blank"
class="cName">上海事成软件股份有限公司</a></span>
    <span class="listItem3">10-15k/月</span>
    <span class="listItem4">重庆-渝北区</span>
    <span class="listItem5">2021-10-12</span>
    <span><a  href="#"  style="color: #fff;"  class="layui-btn  layui-btn-xs
layui-btn-normal" ><i class="fa fa-plus"></i>申请</a><a href="#" style="color:
#fff;"    class="layui-btn    layui-btn-xs    layui-btn-warm"><i    class="fa
fa-star-o"></i>收藏</a></span>
    </div>
```

CSS 代码为：

```
.joblist a{
```

```css
color: #009ae5;
    font-weight: 200;
text-decoration: none;
white-space: nowrap;
text-overflow: ellipsis;
overflow: hidden;
}
.joblist a:hover { color: #009ae5;}
.joblist a:focus {
    outline: thin dotted #333;
    outline: 5px auto -webkit-focus-ring-color;
    outline-offset: -2px;
}
.jobname { margin-left: 15px;}
.cName{ color: #333;}
.listItem1,.listItem2,.listItem3,.listItem4,.listItem5{
float: left;
overflow: hidden;
padding: 0 10px;
text-align: center;
}

.joblist-header{height: 20px; line-height: 20px;}
.listItem1{ width: 25%; text-align:left; padding-left: 8px;}
.listItem2{ width: 20%;}
.listItem3{ width: 10%;}
.listItem4{ width: 13%;}
.listItem5{ width: 10%;}
.listItem6{ width: 8%;}
.layui-btn-xs {
    height: 22px;
    line-height: 22px;
    padding: 0 10px;
    font-size: 12px;
    margin-right: 6px;
}
.applyBtn{
padding: 2px 5px;
background: #69caf8;
margin-right: 15px;
color: #fff;
font-size: 12px;
}
.applyBtn:hover{
padding: 1px 5px;
border: 1px solid #69caf8;
color: #69caf8;
font-size: 12px;
background: #fff;
}
.collectBtn{
padding: 1px 5px;
border: 1px solid #fe9900;
```

```
color: #fe9900;
font-size: 12px;
background: #fff;
}
.collectBtn:hover{
padding: 2px 5px;
background: #fe9900;
margin-right: 15px;
color: #fff;
font-size: 12px;
}
```

由于每一条招聘信息的样式设计相同，所以此处就设计了一行。此部分的效果如图 3-15 所示。

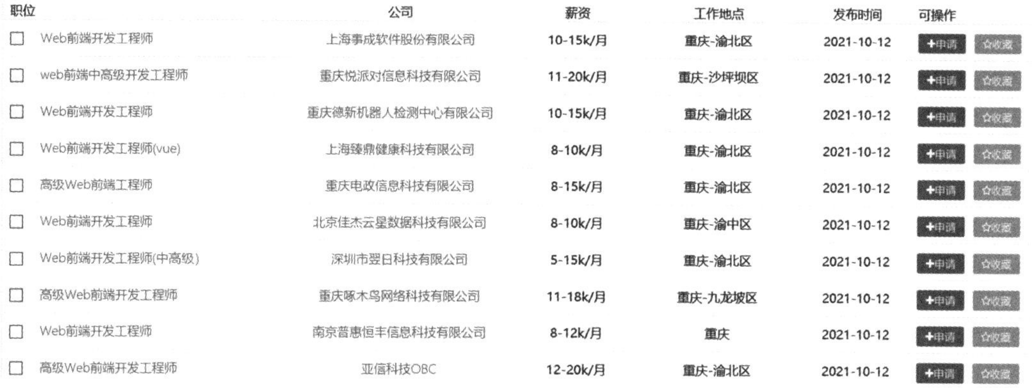

职位	公司	薪资	工作地点	发布时间	可操作
☐ Web前端开发工程师	上海事成软件股份有限公司	10-15k/月	重庆-渝北区	2021-10-12	➕申请 ☆收藏
☐ web前端中高级开发工程师	重庆悦派对信息科技有限公司	11-20k/月	重庆-沙坪坝区	2021-10-12	➕申请 ☆收藏
☐ Web前端开发工程师	重庆德新机器人检测中心有限公司	10-15k/月	重庆-渝北区	2021-10-12	➕申请 ☆收藏
☐ Web前端开发工程师(vue)	上海臻鼎健康科技有限公司	8-10k/月	重庆-渝北区	2021-10-12	➕申请 ☆收藏
☐ 高级Web前端工程师	重庆电放信息科技有限公司	8-15k/月	重庆-渝北区	2021-10-12	➕申请 ☆收藏
☐ Web前端开发工程师	北京佳杰云星数据科技有限公司	8-10k/月	重庆-渝中区	2021-10-12	➕申请 ☆收藏
☐ Web前端开发工程师(中高级)	深圳市翌日科技有限公司	5-15k/月	重庆-渝北区	2021-10-12	➕申请 ☆收藏
☐ 高级Web前端开发工程师	重庆啄木鸟网络科技有限公司	11-18k/月	重庆-九龙坡区	2021-10-12	➕申请 ☆收藏
☐ Web前端开发工程师	南京普惠恒丰信息科技有限公司	8-12k/月	重庆	2021-10-12	➕申请 ☆收藏
☐ 高级Web前端开发工程师	亚信科技OBC	12-20k/月	重庆-渝北区	2021-10-12	➕申请 ☆收藏

图 3-15　列表主体效果图

（3）详情列表底部板块

为了使网页的加载速度更快，对多条数据进行分页显示而设计此板块。页面底部分页栏代码如下。

HTML 代码为：

```
<div class="jobListPart1">
<div style="float: left;">
    <input  name="check"  type="checkbox"  class="check_all"  id="check_"
style="width: 15px; height: 15px;margin: 0px;" />
    <label for="check_" style="display: inline;margin-left: 5px;font-size:
12px;">全选</label>
    <button  style="margin-left: 20px;"  class="layui-btn layui-btn-normal
layui-btn-sm" >
        <i class="fa fa-plus"></i>申请职位</button>
    <button   style="margin-left:  10px;"   class="layui-btn  layui-btn-warm
layui-btn-sm" >
        <i class="fa fa-star-o"></i>收藏职位</button>
</div>
<div style="float: left;margin:0px;margin-left:20px; margin-top: -10px;;"
id="pageText">
    <div       class="layui-box      layui-laypage      layui-laypage-molv"
id="layui-laypage-1">
        <a href="#" class="layui-laypage-prev layui-disabled" data-page="0">
上一页</a>
        <span class="layui-laypage-curr">
```

```
            <em                                          class="layui-laypage-em"
style="background-color:#3498db;"></em><em>1</em>
            </span>
            <a href="#" class="layui-laypage-next layui-disabled" data-page="2">
下一页</a>
            <span class="layui-laypage-limits">
            <select lay-ignore="">
                <option value="40" selected="">40 条/页</option>
                <option value="100">100 条/页</option>
            </select>
            </span>
            <span class="layui-laypage-count">共 10 条</span>
            <span  class="layui-laypage-skip"> 到 第 <input  type="text"  min="1"
value="1" class="layui-input" /> 页
                <button type="button" class="layui-laypage-btn">确定</button>
            </span>
        </div>
    </div>
    <div class="totalResult" style="float: right;">共<strong>10</strong>个职位
</div>
    </div>
```

CSS 代码为:

```
.layui-box {   margin: 0px;}
.layui-box, .layui-box * {    box-sizing: content-box;}
.layui-laypage {
    display: inline-block;
    vertical-align: middle;
    margin: 10px 0;
    font-size: 0;
}
.layui-laypage .layui-laypage-limits {
    vertical-align: top;
}
.layui-laypage select {
    height: 22px!important;
    padding: 3px;
    border-radius: 2px;
    cursor: pointer;
}
.layui-laypage button {
    margin-left: 10px;
    padding: 0 10px;
cursor: pointer;
    height: 30px;
    line-height: 30px;
    border-radius: 2px;
    vertical-align: top;
    background-color: #fff;
    box-sizing: border-box;
}
```

分页栏预览效果如图 3-16 所示。

图 3-16 列表底部预览图

8. 返回顶部板块

由于页面过长，导致从底部返回到头部十分不方便，因此设计一个返回顶部的小部件。将返回顶部的小部件固定放置在页面的右下角，使用 position 规则的 fixed 属性，然后与 left、right、top 和 bottom 进行设计布局，详细的代码如下。

HTML 代码为：

```
<div id="toTop" >
<a href="#login"> <img alt="回到顶部" src="./img/toTop.png">顶部 </a>
</div>
```

CSS 代码为：

```
#toTop {
    position: fixed;
    bottom: 100px;
    right: 20px;
    height: 40px;
    width: 40px;
    text-align: center;
    color: 2aaae6;
    font-size: 12px;
    font-weight: bold;
    display: block;
}
#toTop img{ height: 40px; display: inline-block;}
```

返回顶部部件预览效果如图 3-17 所示。

图 3-17　返回顶部部件预览效果

9. 页脚

本页面的页脚部分与登录页面页脚相同，可参考登录页面页脚进行设计，此处不再赘述。实现的效果如图 3-18 所示。

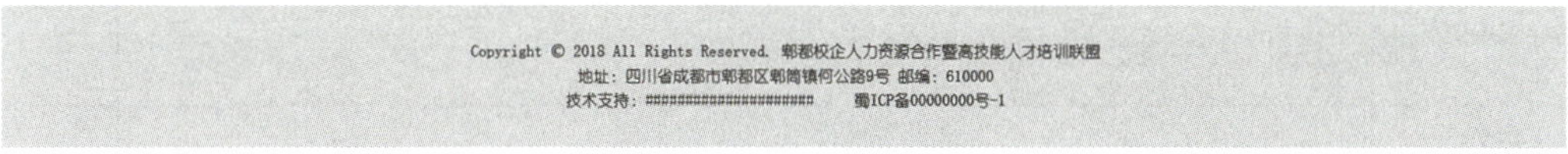

图 3-18　页脚效果图

工作实施

根据知识准备和工作计划，参考相关案例，完成招聘网站职位列表页的开发制作。

填写如表 3-13 所示的人员分工清单。

表 3-13　人员分工清单表

人员姓名	工作任务	备注

评价反馈

　　各自完成学习情境的开发并展示作品，介绍任务的完成过程。作品展示前应准备阐述材料，并完成评价表 3-14、表 3-15、表 3-16。

　　1．学生进行自我评价。

表 3-14　学生自评表

班级：　　　　　　　　　　姓名：　　　　　　　　　学号：

学习情境 5	制作招聘网站职位列表页面		
评价项目	评价标准	分值	得分
整体框架	能够完成页面整体框架的搭建	10	
职位搜索框样式设计	完成对职位列表页面搜索框的样式设计	15	
职位条件筛选样式设计	完成对职位列表页面条件筛选的样式设计	10	
职位详情列表头设计	完成对职位列表页面职位详情列表头的样式设计	5	
职位详情列表主体设计	完成对职位列表页面职位详情样式设计	10	
职位详情列表底部设计	完成对职位列表页面详情列表分页样式设计	15	
内容板块	能够完成页面各子板块的开发	15	
小组协调	小组成员能够合理分工、互相配合完成任务	10	
工作质量	根据项目开发过程及成果评定工作质量	10	
合计		100	

　　2．学生展示过程中，以个人为单位，对以上学习情境的结果进行互评。

表 3-15　学生互评表

学习情境 5		制作招聘网站职位列表页面									
评价项目	分值	等级							评价对象		
									1	2	3	4
计划合理	10	优	10	良	9	中	8	差	6			
方案准确	10	优	10	良	9	中	8	差	6			
工作质量	20	优	20	良	18	中	15	差	12			
工作效率	15	优	15	良	13	中	11	差	9			
工作完整	10	优	10	良	9	中	8	差	6			
工作规范	10	优	10	良	9	中	8	差	6			
识读报告	10	优	10	良	9	中	8	差	6			
成果展示	15	优	15	良	13	中	11	差	9			
合计	100											

3．教师对学生工作过程和工作结果进行评价。

表 3-16　教师综合评定表

班级：　　　　　　姓名：　　　　　　学号：

学习情境 5		制作招聘网站职位列表页面		
评价项目		评价标准	分值	得分
考勤 (20%)		无无故迟到、早退、旷课现象	20	
工作过程 (50%)	环境管理	能正确、熟练使用 HBuilder 工具管理开发环境	2	
	方案制作	能根据技术能力快速、准确地制订工作方案	3	
	整体框架	能够完成页面整体框架的搭建	3	
	搜索框	能够完成搜索框的设置	12	
	条件筛选	能够实现条件筛选样式	8	
	列表详情	能够实现列表详情设置	12	
	内容板块	能够完成页面各子板块的开发	4	
	工作态度	态度端正，工作认真、主动	3	
	职业素质	能做到安全、文明、合法，爱护环境	3	
项目成果 (30%)	工作完整	能按时完成任务	5	
	工作质量	能按计划完成工作任务	15	
	识读报告	能正确识读并准备成果展示各项报告材料	5	
	成果展示	能准确表达、汇报工作成果	5	
合计			100	

拓展思考

1．参考本学习情境，职位搜索框的样式设计一般用于设置组合的表单组件效果，自己可以参考一些设计优秀的作品。

2．参考本学习情境，下拉菜单数据在本例中采用的是静态的数据，如果采用动态的数据应该如何从后台服务器获取？

单元 4　制作详情页面

网站详情页通常是信息的展示页面，包含多个内容板块，因此需要一些巧妙的布局，使庞杂的内容显示得井井有条，使得有规律可询。本单元将学习制作一个招聘网站职位详情页，详情页对于每一种网页都需要且面对的场景大多都相似，因此本页面具有一定的通用性和代表性。学习完本页面的制作后通过举一反三，可以制作出类似的岗位详情页的页面。单元 4 教学导航如表 4-1 所示。

教学导航

表 4-1　单元 4 教学导航

知识重点	1．弹性布局的使用 2．视口 viewport 的用法 3．多媒体查询@media 的用法
知识难点	弹性布局
推荐教学方式	从学习情境入手，通过引导学生制作一个招聘网站取位详情页面，让学生掌握 HTML 多种标签的用法和 CSS3 弹性布局、媒体查询的用法；通过引导学生制作一个企业网站岗位详情 Web 页面，让学生掌握弹性布局、媒体查询的用法
建议学时	8 学时
推荐学习方法	网站的详情页面通常是一个信息展示页面，要综合运用多种 HTML 标签和 CSS 多种样式以及复杂的布局，需多巩固前面的学习内容，再结合新知识点，实现效果图中的网页
必须掌握的理论知识	1．弹性布局 2．多媒体查询@media 的用法
必须掌握的技能	1．使用网页的弹性布局 2．使用多媒体查询@media 美化网页

学习情境 6　制作招聘网站职位详情页面

学习情境描述

1．教学情境

本学习情境的任务是制作一个招聘网站职位详情页，最终效果如图 4-1 所示。在本学习情境中，需要考虑与职位详情页制作相关的各种内容，如页头、页脚、导航条、岗位列表、公司简介、职位信息、薪资福利和联系方式等。通过将新学的知识技能与前面学习的内容相结合，进行综合运用，从而完成招聘网站职位详情页的开发制作。

2．关键知识点

（1）弹性布局的使用方法。

（2）视口 viewport 的使用方法。

（3）多媒体查询@media 的使用方法。

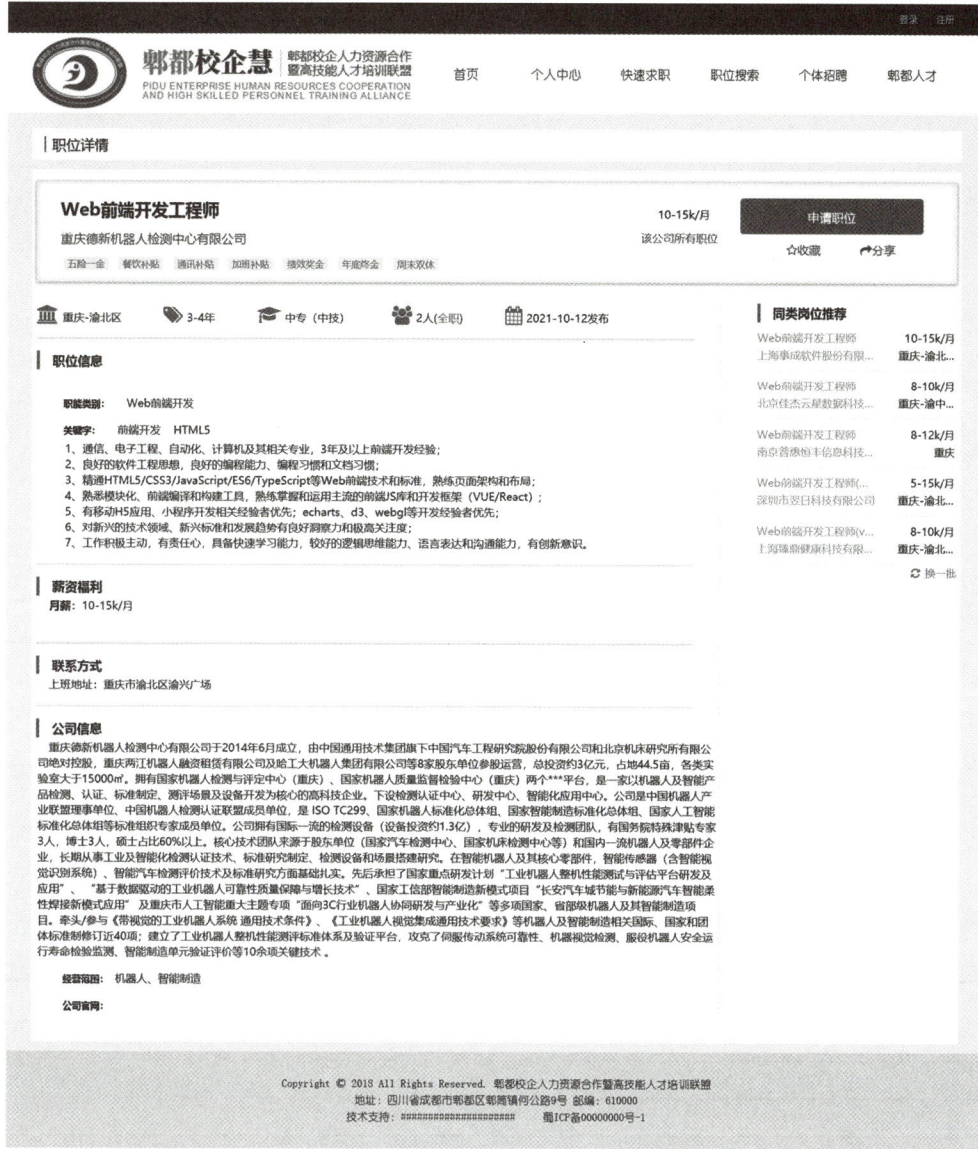

图 4-1　招聘网站职位详情页效果图

3．关键技能点

（1）使用多种布局实现网页的复杂布局。

（2）使网页实现弹性布局。

（3）使用多媒体查询实现响应式效果。

学习目标

1．掌握综合运用 HTML5 和 CSS3 实现包含页头、页脚、导航栏、岗位推荐列表板块、图片展示板块等的聚合型网页的技能。

2．掌握在网页中实现弹性布局的效果。

3．掌握在网页中实现响应式效果。

4．掌握结合多种布局形成复杂布局的方法。

任 务 书

1. 完成招聘网站职位详情页的整体框架设计。
2. 实现招聘网站职位详情页的页头、页脚效果。
3. 完成招聘网站职位详情页的导航栏设计。
4. 实现招聘网站职位详情页的弹性布局效果。
5. 实现招聘网站职位详情页的响应式效果。
6. 完成招聘网站职位详情页各子板块设计。

获取信息

引导问题：

1. 职位详情页一般需要包含哪些模块？

_____

_____

2. 制作详情页的各个模块时需要用到哪些页面元素？

_____

_____

工作计划

1. 制订工作方案（见表 4-2）

表 4-2　工作方案

步骤	工作内容

2. 设计出此页面的功能

3．列出工具清单（见表 4-3）

表 4-3　工具清单

序号	名称	版本	备注

4．列出技术清单（见表 4-4）

表 4-4　技术清单

序号	名称	版本	备注

进行决策

1．根据引导、构思、计划等，各自阐述自己的设计方案。

2．对其他人的设计方案提出自己不同的看法。

3．教师结合大家完成的情况进行点评，选出最佳方案，并写出最佳方案。

_____

_____

_____

知识准备

"制作招聘网站职位详情页面"知识分布网络，如图 4-2 所示。

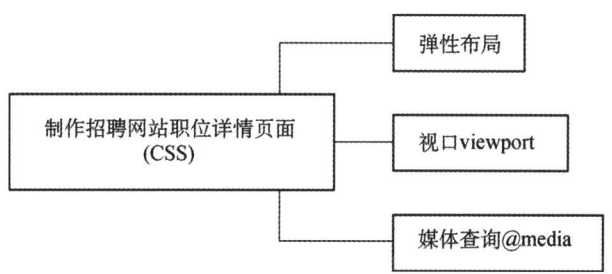

图 4-2　"制作招聘网站职位详情页面"知识分布网络

4.1.1 弹性布局 Flex

CSS3 弹性盒（Flexible Box 或 Flexbox），是一种当页面需要适应不同的屏幕大小及设备类型时确保元素拥有恰当行为的布局方式。引入弹性盒布局模型的目的是提供一种更加有效的方式来对一个容器中的子元素进行排列、对齐和分配空白空间。

弹性布局 flex、视口 viewport、@media

1. CSS3 弹性盒子内容

弹性盒子由弹性容器（Flex Container）和弹性子元素（Flex Item）组成。弹性容器通过设置 display 属性的值为 flex 或 inline-flex 将其定义为弹性容器。弹性容器内包含了一个或多个弹性子元素。

注意：弹性容器外及弹性子元素内是被正常渲染的。弹性盒子只定义了弹性子元素如何在弹性容器内布局。弹性子元素通常在弹性盒子内一行显示。默认情况每个容器只有一行。

2. flex-direction 属性

flex-direction 属性指定了弹性子元素在父容器中的位置。flex-direction 属性的参考值如表 4-5 所示。

表 4-5 flex-direction 属性参考值表

值	描述
row	横向从左到右排列（左对齐），默认的排列方式
row-reverse	反转横向排列（右对齐），从后往前排，最后一项排在最前面
column	纵向排列
column-reserve	反转纵向排列，从后往前排，最后一项排在最上面

3. justify-content 属性

内容对齐（justify-content）属性应用在弹性容器上，把弹性项沿着弹性容器的主轴线（main axis）对齐。justify-content 属性的参考值如表 4-6 所示。

表 4-6 justify-content 属性参考值表

值	描述
flex-start	弹性项目向行头紧挨着填充。这个是默认值。第一个弹性项的 main-start 外边距边线被放置在该行的 main-start 边线，而后续弹性项依次平齐摆放
flex-end	弹性项目向行尾紧挨着填充。第一个弹性项的 main-end 外边距边线被放置在该行的 main-end 边线，而后续弹性项依次平齐摆放
center	弹性项目居中紧挨着填充（如果剩余的自由空间是负的，则弹性项目将在两个方向上同时溢出）
space-between	弹性项目平均分布在该行上。如果剩余空间为负值或者只有一个弹性项，则该值等同于 flex-start。否则，第 1 个弹性项的外边距和行的 main-start 边线对齐，而最后 1 个弹性项的外边距和行的 main-end 边线对齐，然后剩余的弹性项分布在该行上，相邻项目的间隔相等
space-around	弹性项目平均分布在该行上，两边留有一半的间隔空间。如果剩余空间为负值或者只有一个弹性项，则该值等同于 center。否则，弹性项目沿该行分布，且彼此间隔相等（比如是 20px），同时首尾两边和弹性容器之间留有一半的间隔（1/2*20px=10px）

justify-content 属性效果如图 4-3 所示。

4. align-items 属性

align-items 设置或检索弹性盒子元素在侧轴（纵轴）方向上的对齐方式。align-items 属性参考值如表 4-7 所示。

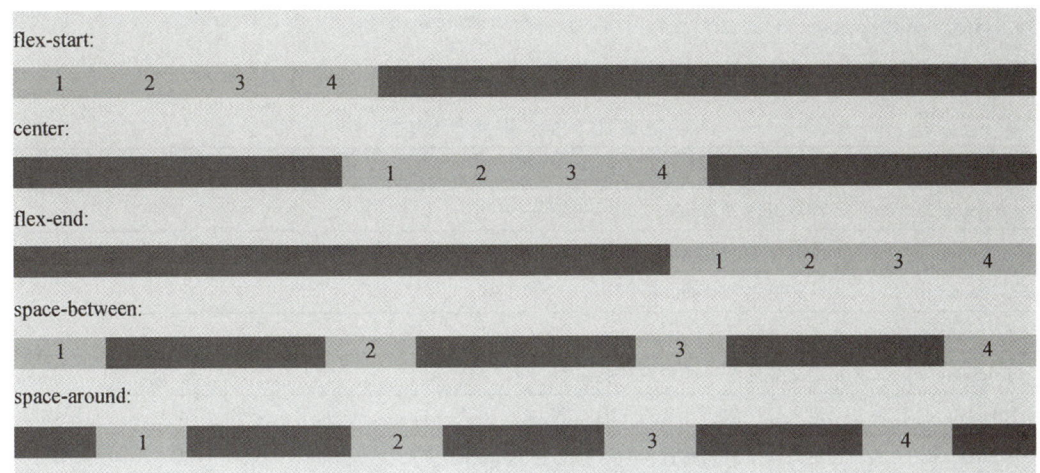

图 4-3　justify-content 属性效果图

表 4-7　align-items 属性参考值表

值	描述
flex-start	弹性盒子元素的侧轴（纵轴）起始位置的边界紧靠该行的侧轴起始边界
flex-end	弹性盒子元素的侧轴（纵轴）起始位置的边界紧靠该行的侧轴结束边界
center	弹性盒子元素在该行的侧轴（纵轴）上居中放置（如果该行的尺寸小于弹性盒子元素的尺寸，则会向两个方向溢出相同的长度）
baseline	如弹性盒子元素的行内轴与侧轴为同一条，则该值与"flex-start"等效。其他情况下，该值将参与基线对齐
stretch	如果指定侧轴大小的属性值为 auto，则其值会使项目的边距盒的尺寸尽可能接近所在行的尺寸，但同时会遵照"min/max-width/height"属性的限制

5. flex-wrap 属性

flex-wrap 属性用于指定弹性盒子的子元素换行方式。其参考值如表 4-8 所示。

表 4-8　flex-wrap 属性参考值表

值	描述
nowrap	弹性容器为单行。该情况下弹性子项可能会溢出容器（默认）
wrap	弹性容器为多行。该情况下弹性子项溢出的部分会被放置到新行，子项内部会发生断行
wrap-reverse	反转 wrap 排列

6. align-content 属性

align-content 属性用于修改 flex-wrap 属性的行为。类似于 align-items，但它不是设置弹性子元素的对齐，而是设置各个行的对齐方式。其参考值如表 4-9 所示。

表 4-9　align-content 属性参考值表

值	描述
stretch	各行将会伸展以占用剩余的空间（默认）
flex-start	各行向弹性盒容器的起始位置堆叠
flex-end	各行向弹性盒容器的结束位置堆叠
center	各行向弹性盒容器的中间位置堆叠
space-between	各行在弹性盒容器中平均分布
space-around	各行在弹性盒容器中平均分布，两端保留子元素与子元素之间间距大小的一半

7. flex 属性

flex 属性用于指定弹性子元素如何分配空间。其参考值如表 4-10 所示。

表 4-10　flex 属性参考值表

值	描述
auto	计算值为 1 1 auto
initial	计算值为 0 1 auto
none	计算值为 0 0 auto
inherit	从父元素继承
[flex-grow]	定义弹性盒子元素的扩展比率
[flex-shrink]	定义弹性盒子元素的收缩比率
[flex-basis]	定义弹性盒子元素的默认基准值

上述介绍了弹性布局 flex 的常见属性，还有一些属性不再一一描述，具体如表 4-11 所示。

表 4-11　弹性布局 Flex 参考属性

属性	描述
display	指定 HTML 元素盒子类型
flex-direction	指定弹性容器中子元素的排列方式
justify-content	设置弹性盒子元素在主轴（横轴）方向上的对齐方式
align-items	设置弹性盒子元素在侧轴（纵轴）方向上的对齐方式
flex-wrap	设置弹性盒子的子元素超出父容器时是否换行
align-content	修改 flex-wrap 属性的行为，类似 align-items，但不是设置子元素对齐，而是设置行对齐
flex-flow	flex-direction 和 flex-wrap 的简写
order	设置弹性盒子的子元素排列顺序
align-self	在弹性子元素上使用。覆盖容器的 align-items 属性
flex	设置弹性盒子的子元素如何分配空间

4.1.2　视口 viewport

viewport 是用户网页的可视区域。viewport 翻译为中文，可以叫作"视区"。

手机浏览器是把页面放在一个虚拟的"窗口"（viewport）中，通常这个虚拟的"窗口"（viewport）比屏幕宽，这样就不用把每个网页挤到很小的窗口中（这样会破坏没有针对手机浏览器优化的网页的布局），用户可以通过平移和缩放来看网页的不同部分。

一个常用的针对移动网页优化过的页面的 viewport meta 标签大致如下：

```
<meta name="viewport" content="width=device-width, initial-scale=1.0">
```

其中：

● width：控制 viewport 的大小，可以是指定的一个值，如 600，或者特殊的值，如 device-width 为设备的宽度（单位为缩放比例等于 100% 时的 CSS 的像素）。

- height：和 width 相对应，指定高度。
- initial-scale：初始缩放比例，也即是当页面第一次 load 时的缩放比例。
- maximum-scale：允许用户缩放到的最大比例。
- minimum-scale：允许用户缩放到的最小比例。
- user-scalable：用户是否可以手动缩放。

4.1.3　媒体查询@media

@media 规则在 CSS2 中有介绍，针对不同媒体类型可以定制不同的样式规则。例如，你可以针对不同的媒体类型（包括显示器、便携设备、电视机，等等）设置不同的样式规则，但是这些媒体类型在很多设备上的支持还不够友好。

CSS3 的媒体查询继承了 CSS2 媒体类型的所有思想，取代了查找设备的类型，CSS3 根据设置自适应显示。媒体查询可用于检测很多事情，例如：

- viewport（视口）的宽度与高度。
- 设备的宽度与高度。
- 朝向（智能手机横屏、竖屏）。
- 分辨率。

媒体查询由多种媒体组成，可以包含一个或多个表达式，表达式根据条件是否成立返回 True 或 False。

```
@media not|only mediatype and (expressions) {
    CSS 代码...;
}
```

如果指定的媒体类型匹配设备类型，则查询结果返回 True，文档会在匹配的设备上显示指定样式效果。除非使用了 not 或 only 操作符，否则所有的样式会适应在所有设备上显示效果。

- not: not 是用来排除掉某些特定的设备的，比如 @media not print（非打印设备）。
- only: 用来指定某种特别的媒体类型。对于支持 Media Queries 的移动设备来说，如果存在 only 关键字，移动设备的 Web 浏览器会忽略 only 关键字并直接根据后面的表达式应用样式文件。对于不支持 Media Queries 的设备但能够读取 Media Type 类型的 Web 浏览器，遇到 only 关键字时会忽略这个样式文件。
- all: 所有设备，这个应该经常看到。

也可以在不同的媒体上使用不同的样式文件，引用方式为：

```
<link    rel="stylesheet"    media="mediatype    and|not|only    (expressions)"
href="print.css">
```

媒体查询的常用参考属性，如表 4-12 所示。

表 4-12　多媒体查询的参考属性

值	描述
all	用于所有媒体类型设备
print	用于打印机
screen	用于计算机屏幕、平板、智能手机等
speech	用于屏幕阅读器

示例 1：

在屏幕可视窗口尺寸小于 480px 的设备上修改背景颜色。

```
@media screen and (max-width: 480px) {
    body {
        background-color: lightgreen;
    }
}
```

示例 2：

在屏幕可视窗口尺寸大于 480px 时将菜单浮动到页面左侧。

```
@media screen and (min-width: 480px) {
    #leftsidebar {width: 200px; float: left;}
    #main {margin-left:216px;}
}
```

示例 3：

在屏幕可视窗口尺寸小于 600px 时将 div 元素隐藏。

```
@media screen and (max-width: 600px) {
  div.example {
    display: none;
  }
}
```

相关案例

1．页面整体布局

如图 4-4 所示，此页面采用了三行的布局形式，其中包括了头部区域、内容区域、底部区域。此布局与单元 3 相同，因此不再进行叙述。

制作招聘网站详情页面

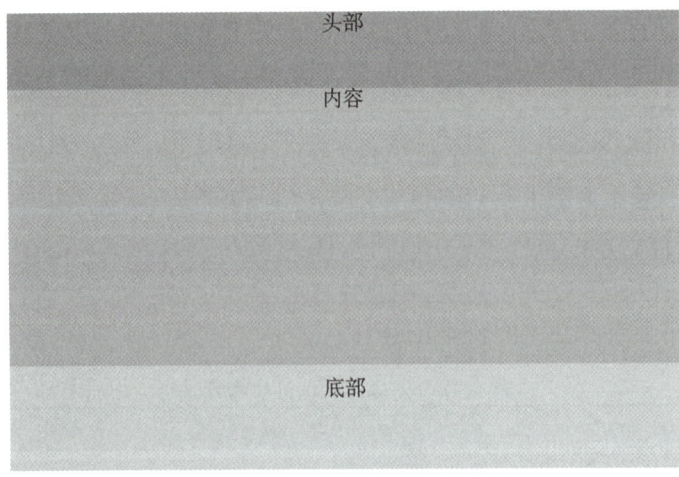

图 4-4　页面整体布局

2．页头

本页面的头部与登录页面的头部相同，可参考登录页面的头部进行设计，此处不再赘述。实现的效果如图 4-5 所示。

图 4-5　页头效果

3. 职位详情页内容主体

此部分对职位详情页面的架构进行设计，将列表内容分为 5 个部分，分别是提示板块、职位申请板块、职位条件板块、职位相关信息板块和职位推荐列表板块，如图 4-6 所示。这 5 个部分采用 3 行 2 列编码设计，实现的效果如图 4-7 所示。

图 4-6　职位详情页设计详情图

主要框体的 HTML 代码为：

```
<div id="content">
  <div class="portlet-layout row-fluid" style="width: 90%; margin:0 auto;
padding-top: 20px; min-height: 500px;">
    <div class="portlet-column portlet-column-only span12">
```

```
        <section class="portlet">
            此处具体写入每部分内容
        </section>
    </div>
</div>
</div>
```

图 4-7　职位详情页设计效果图

CSS 代码为：

```
#content {
    background: #f5f5f5;
    min-height: 440px;
}
.row-fluid {
width: 100%;
*zoom: 1
}
.row-fluid:before,
.row-fluid:after {
display: table;
content: "";
line-height: 0
}
.row-fluid:after {
```

```
clear: both
}
```

定义好职位详情页面的架构后，后面将具体为每部分进行设计。

4. 提示板块

本板块实现提示栏，显示本页面的主体功能。此处设计与单元 3 节相同，因此不再赘述。最终设计的效果如图 4-8 所示。

▎职位详情

图 4-8　职位详情页提示板块效果图

5. 职位申请板块

在招聘网站申请职位、投递简历，对于求职者来说尤其重要。因此，应将此部分设计得十分显目，用户打开页面即能看见，并能单击【申请职位】按钮进行投递简历等操作。

首先，对此部分使用 border 设计边框；再使用 box-shadow 设计边框阴影，使得用户一眼能看见此部分；然后，在左边将岗位名称使用 <h2> 标题显示，右边设计一个【申请职位】按钮而且在按钮旁边将薪资部分的字体颜色设置为红色，进一步吸引求职者的眼球。最终的效果如图 4-9 所示。

图 4-9　职位申请板块效果图

详情代码示例如下。

HTML 代码为：

```
<div class="apply-box effect">
<div class="apply-cont">
    <div class="apply-box-wrap">
        <h2 class="apply-position">Web 前端开发工程师</h2>
        <span class="marginLeft10"></span>
        <span      class="job-salary"    style="float:     right;margin-right:
20px;display: inline-block;color: red;"> 10-15k/月</span>
        <p class="apply-line1"><a href="#" class="label companyName" > 重庆德
新机器人检测中心有限公司 </a><a href="#" class="allJob" >该公司所有职位</a></p>
        <p class="apply-line2 label">
            <span>五险一金</span>…<span>周末双休</span>
        </p>
    </div>
    <input type="submit" value="申请职位" class="apply-btn" />
    <a class="collectBtns commonBtn" ><i class="fa fa-star-o"></i>收藏</a><a
class="bdsharebuttonbox bdshare-button-style1-16" ><i class="fa fa-share"></i>分
享</a>
</div>
</div>
```

CSS 代码为：

```css
    .apply-box { width: 99%; height: 128px; border: 1px solid #e1e1e1; margin: 0
auto 25px;    background: #fff;}
    .effect{position: relative; box-shadow: 0 1px 4px rgba(0, 0, 0, 0.3), 0 0 10px
rgba(0,0,0,0.1) inset;}
    .effect:before {
        position: absolute;
        top: 50%;
        bottom: -2px;
        left: 5px;
        right: 5px;
        border-radius: 100px/10px;
        box-shadow: 0 4px 8px rgba(0,0,0,0.1);
        z-index: -1;
    }
    .apply-box-wrap {
        width: 72%;
        height: 95px;
        line-height: 50px;
        background: #fff;
        margin: 15px 20px 10px 30px;
        float: left;
    }
    .marginLeft10 { margin-left: 10px;}
    .job-salary { color: red; font-size: 1rem;}
    .job-salary, .position {
        float: right;
        width: 29%;
        text-align: right;
        white-space: nowrap;
        overflow: hidden;
        text-overflow: ellipsis;
        font-size: 14px;
    }
    .apply-line1 {margin: 0; line-height: 10px; font-size: 14px;}
    .label, .badge {
        display: inline-block;
        padding: 2px 4px;
        font-size: 11.844px;
        font-weight: bold;
        line-height: 14px;
        color: #000;
        vertical-align: baseline;
        white-space: nowrap;
        text-shadow: 0 -1px 0 rgba(0,0,0,0);
        background-color: #fff;
    }
    .label{border-radius: 3px;}
    .allJob { float: right; margin-right: 10px;}
    .apply-line1 a{color: #6c6b6b;}
    .apply-line1 a:hover { color: #009ae5;}
    .apply-btn {
        border: none;
        width: 20%;
```

```
        height: 45px;
        background: #1296db;
        color: #FFFFFF;
        text-align: center;
        line-height: 45px;
        border-radius: 4px;
        margin-top: 20px;
        cursor: pointer;
        font-size: 16px;
}
.collectBtns { width: 60px; margin: 0 0 0 25px; cursor: pointer;}
.commonBtn {
        padding: 10px 20px;
        display: inline-block;
        font-size: 15px;
        text-indent: .5em;
        color: #6c6c6c;
        font-weight: normal;
}
.collectBtns:hover, .bdsharebuttonbox:hover { color: #009ae5;}
.bdsharebuttonbox {
        padding: 10px 20px;
        display: inline;
        font-size: 15px;
        text-indent: .5em;
        color: #6c6c6c;
        cursor: pointer;
        zoom: 1;
}
```

【属性说明】

box-shadow 属性：把一个或多个下拉阴影添加到框上。该属性是一个用逗号分隔阴影的列表，每个阴影由 2～4 个长度值、一个可选的颜色值和一个可选的 inset 关键字来规定。

border-radius 属性：此属性是一个最多可指定 4 个 border -*- radius 属性的复合属性。

6. 职位相关信息板块

一个职位需要展示多方面的信息，包括竞选职位的基本条件，以及此职位的基本信息、公司基本信息和职位薪资的基本信息等。由于职位条件、不同职位的要求不一样，因此，此部分网页需要做到弹性变化，而且应保证随着窗体的变化此部分应显示完全。对于公司的相关信息，类别都差不多，可先设计一个模板再进行填入。

一个优秀的招聘网站，还应给用户推荐一些相似的职位，供用户参考选择。因此，还应该设计一个推荐职位列表。

具体 HTML 代码示例为：

```
<!--第三行 内容主体 左右结构 开始-->
<div class="content-wrap">
 <!--左边内容体 开始-->
 <div class="content">
      职位条件
      公司相关信息
 </div>
```

```
<!--右边内容 开始-->
<div class="sidebar">
</div>
</div>
```

CSS 代码为：

```
.content-wrap { width: 99%; margin: 0 auto; position: relative;}
.content { width: 74%; float: left;border-right: 1px solid #eee; margin-bottom:
15px; height: auto;}
.sidebar { width: 260px; float: right;}
.sidebar a{color: #11a7fe;float: right;}
.sidebar a:hover{color: #ef9100;}
```

7. 职位条件板块

由于不同职位的条件不一致，因此，此部分的设计应做到弹性变化，也可根据窗口的变化而弹性变化。

将 display 属性赋值为 flex，就可以简单设置为弹性布局。如果需要具体的设计，还需要对弹性改变的方向进行设置，即对 flex-direction 属性进行设置，具体的参考值见第 4.1.1 节。弹性变化以后是否换行，还需要对 flex-wrap 属性进行设置。

此部分 HTML 代码示例为：

```
<div class="tBorderTop_box bt">
 <div class="jtag inbox">
    <div class="box">
       <span     class="sp4"><span     class="jtagicon"><i     class="fa
fa-university"></i></span>重庆-渝北区</span>
       <span     class="sp4"><span     class="jtagicon"><i     class="fa
fa-tags"></i></span>3-4 年</span>
       <span     class="sp4"><span     class="jtagicon"><i     class="fa
fa-mortar-board"></i></span>中专（中技）</span>
       <span     class="sp4"><span     class="jtagicon"><i     class="fa
fa-group"></i></span>2 人(<font color="#1296db">全职</font>)</span>
       <span     class="sp4"><span     class="jtagicon"><i     class="fa
fa-calendar"></i></span>2021-10-12 发布</span>
       <div class="clear"></div>
    </div>
 </div>
</div>
```

CSS 代码为：

```
.tBorderTop_box { position: relative; height: 30px;}
.inbox { line-height: 30px; color: #333; word-wrap: break-word;}
.jtag { margin-bottom: 10px;}
.jtag .sp4 { position: relative; height: 30px; line-height: 30px; overflow:
hidden; margin: 0 50px 15px 0;}
.jtagicon {color: #1296db; margin-right: 5px; font-size: 24px;}
@media screen and (max-width: 900px) {
  div.sidebar { display: none; }
  .content {width: 100%;}
}
.box{display: flex; flex-direction:row; flex-wrap: wrap;}
```

此部分引入了字体图标，在窗口完全展开前，效果如图 4-7 所示。当窗口经过压缩，其效果如图 4-10 所示。

图 4-10　职位条件弹性布局效果图

【属性说明】

@media 属性：多媒体查询。

属性 @media screen and (max-width: 900px) {}表示当屏幕的最大宽度为 900px 时执行相关内容。

此处，当屏幕的宽度小于 900px 时，将右侧的推荐列表隐藏，并将下侧公司相关信息的宽度改为 100%。

8. 公司相关信息板块

此部分显示公司的基本信息，效果如图 4-11 所示。

职位信息

职能类别： Web前端开发

关键字： 前端开发 HTML5
1、通信、电子工程、自动化、计算机及其相关专业，3年及以上前端开发经验；
2、良好的软件工程思想，良好的编程能力、编程习惯和文档习惯；
3、精通HTML5/CSS3/JavaScript/ES6/TypeScript等Web前端技术和标准，熟练页面架构和布局；
4、熟悉模块化、前端编译和构建工具，熟练掌握和运用主流的前端JS库和开发框架（VUE/React）；
5、有移动H5应用、小程序开发相关经验者优先；echarts、d3、webgl等开发经验者优先；
6、对新兴的技术领域、新兴标准和发展趋势有良好洞察力和极高关注度；
7、工作积极主动，有责任心，具备快速学习能力，较好的逻辑思维能力、语言表达和沟通能力，有创新意识。

薪资福利
月薪： 10-15k/月

联系方式
上班地址：重庆市渝北区渝兴广场

公司信息
重庆德新机器人检测中心有限公司于2014年6月成立，由中国通用技术集团旗下中国汽车工程研究院股份有限公司和北京机床研究所有限公司绝对控股，重庆两江机器人融资租赁有限公司及哈工大机器人集团有限公司等8家股东单位参股运营，总投资约3亿元，占地44.5亩，各类实验室大于15000㎡。拥有国家机器人检测与评定中心（重庆）、国家机器人质量监督检验中心（重庆）两个***平台，是一家以机器人及智能产品检测、认证、标准制定、测评场景及设备开发为核心的高科技企业。下设检测认证中心、研发中心、智能化应用中心。公司是中国机器人产业联盟理事单位、中国机器人检测认证联盟成员单位，是 ISO TC299、国家机器人标准化总体组、国家智能制造标准化总体组、国家人工智能标准化总体组等标准组织专家成员单位。公司拥有国际一流的检测设备（设备投资约1.3亿），专业的研发及检测团队，有国务院特殊津贴专家3人，博士3人，硕士占比60%以上。核心技术团队来源于股东单位（国家汽车检测中心、国家机床检测中心等）和国内一流机器人及零部件企业，长期从事工业及智能化检测认证技术、标准研究制定、检测设备和场景搭建研究。在智能机器人及其核心零部件，智能传感器（含智能视觉识别系统）、智能汽车检测评价技术及标准研究方面基础扎实。先后承担了国家重点研发计划"工业机器人整机性能测试与评估平台研发及应用"、"基于数据驱动的工业机器人可靠性质量保障与增长技术"、国家工信部智能制造新模式项目"长安汽车城节能与新能源汽车智能柔性焊接新模式应用"及重庆市人工智能重大主题专项"面向3C行业机器人协同研发与产业化"等多项国家、省部级机器人及其智能制造项目。牵头/参与《带视觉的工业机器人系统 通用技术条件》、《工业机器人视觉集成通用技术要求》等机器人及智能制造相关国际、国家和团体标准制修订近40项；建立了工业机器人整机性能测评标准体系及验证平台，攻克了伺服传动系统可靠性、机器视觉检测、服役机器人安全运行寿命检验监测、智能制造单元验证评价等10余项关键技术。

经营范围： 机器人、智能制造

公司官网：

图 4-11　公司基本信息效果图

HTML 示例代码为：

```html
<p class="zpxx-title marginBottom30">职位信息</p>
<p class="zpxx-info margintop10">
 <span class="label">职能类别：</span>
 <span class="el">Web 前端开发</span>
</p>
<p class="zpxx-info margintop10">  <span class="label">关键字：</span> <span
class="el">前端开发     HTML5</span></p>
<div style="clear: both;"></div>
<div class="zpxx-info" style="margin-left: 20px;"><p>岗位招聘相关具体要求</p>
</div>
<hr class="title-line">
<p class="zpxx-title marginBottom10">薪资福利</p>
<p class="zpxx-info"><font style="font-weight: bold;">月薪：</font>10-15k/月
<br><br> </p>
<div id="welfares" style="margin-left:15px;"></div>
<p></p>
<hr class="title-line">
<p class="zpxx-title marginBottom10">联系方式</p>
<p class="zpxx-info">上班地址：重庆市渝北区渝兴广场 </p>
<hr class="title-line">
<p class="zpxx-title marginBottom10">公司信息</p>
<p class="zpxx-info">公司的相关简介</p>
<p class="zpxx-info margintop10"> <span class="label">经营范围：</span> 机器人、
智能制造 </p>
<p class="zpxx-info margintop10"> <span class="label">公司官网：</span>
</p>
```

CSS 代码为：

```css
hr {
    margin: 20px 0;
    border: 0;
    border-top: 1px solid #eee;
    border-bottom: 1px solid white;
}
.title-line {
    border: .5px solid #eee;
    margin: 15px 0;
    width: 96%;
    background-color: #e6e6e6;
    height: 1px;
    clear: both;
}
.zpxx-title {
    width: 100%;
    height: 24px;
    line-height: 24px;
    color: #323232;
    font-weight: 600;
    text-indent: 1em;
    border-left: 4px solid #009ae5;
    font-size: 16px;
}
.marginBottom30 { margin-bottom: 30px;}
.zpxx-info { text-indent: 1em; font-size: 14px; padding: 2px;}
.margintop10 { margin-top: 10px;}
.el { display: inline-block; margin-right: 15px;}
.zpxx-info { text-indent: 1em; font-size: 14px; padding: 2px;}
```

9. 推荐职位列表板块

此部分展示网站推荐的一些职位，效果如图 4-12 所示。

图 4-12　推荐职位列表

HTML 示例代码为：

```html
<div class="gzwm">
<p class="zpxx-title marginBottom10">同类职位推荐</p>
```

```
<div id="values">
    <div class="sameJob-box">
        <a class="job-kind" href="#"  title="Web 前端开发工程师">Web 前端开发工程
师</a>
        <span class="job-salary">10-15k/月</span>
        <a class="company-name" href="#" title="上海事成软件股份有限公司">上海事
成软件股份有限公司</a>
        <span class="position">重庆-渝北区</span>
    </div>
    ...
  </div>
  </div>
  <a href="#" title="换一批" class="convert"><span style="margin-right: 2px;"><i
class="fa fa-refresh"></i></span>换一批</a>
```

CSS 代码为：

```
.sidebar { width: 260px; float: right;}
.gzwm { width: 99%;}
.sidebar a{ color: #11a7fe; float: right;}
.sidebar a:hover{    color: #ef9100;}
.sameJob-box { height: 45px; line-height: 22px; padding: 8px 0; border-bottom:
1px solid #eee;}
.job-kind, .company-name {
    width: 60%;
    white-space: nowrap;
    overflow: hidden;
    text-overflow: ellipsis;
    font-size: 14px;
}
.sameJob-box a{float: left;color: #b0b0b0;}
```

10. 页脚

本页面的页脚部分与登录页面页脚相同，可参考登录页面页脚进行设计，此处不再赘述。实现的效果如图 4-13 所示。

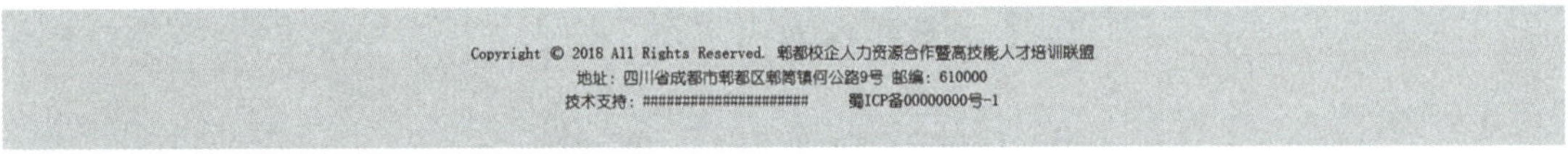

Copyright © 2018 All Rights Reserved. 郫都校企人力资源合作暨高技能人才培训联盟
地址：四川省成都市郫都区郫筒镇何公路9号 邮编：610000
技术支持：################   蜀ICP备00000000号-1

图 4-12　页脚效果图

工作实施

根据知识准备和工作计划，参考相关案例，完成招聘网站职位详情页的开发制作。

填写如表 4-13 所示的人员分工清单。

表 4-13　人员分工清单表

人员姓名	工作任务	备注

评价反馈

各自完成学习情境的开发并展示作品，介绍任务的完成过程。作品展示前应准备阐述材料，并完成评价表 4-14、表 4-15、表 4-16。

1．学生进行自我评价

表 4-14　学生自评表

班级：　　　　　　　　　　姓名：　　　　　　　　　　学号：

学习情境 6	制作招聘网站职位详情页面		
评价项目	评价标准	分值	得分
整体框架	能够完成页面整体框架的搭建	5	
页头、页脚	能够完成页面中页头和页脚的制作	5	
导航栏	能够完成导航栏的制作	5	
岗位申请	能够完成岗位申请板块的设置	15	
岗位条件	能够结合弹性布局和媒体查询完成岗位条件的位置	30	
内容板块	能够完成页面各子板块的开发	20	
小组协调	小组成员能够合理分工、互相配合完成任务	10	
工作质量	根据项目开发过程及成果评定工作质量	10	
合计		100	

2．学生展示过程中，以个人为单位，对以上学习情境的结果进行互评。

表 4-15　学生互评表

学习情境 6		制作招聘网站职位详情页面								评价对象			
评价项目	分值	等级								1	2	3	4
计划合理	10	优	10	良	9	中	8	差	6				
方案准确	10	优	10	良	9	中	8	差	6				
工作质量	20	优	20	良	18	中	15	差	12				
工作效率	15	优	15	良	13	中	11	差	9				
工作完整	10	优	10	良	9	中	8	差	6				
工作规范	10	优	10	良	9	中	8	差	6				
识读报告	10	优	10	良	9	中	8	差	6				
成果展示	15	优	15	良	13	中	11	差	9				
合计	100												

3．教师对学生工作过程和工作结果进行评价。

表 4-16   教师综合评定表

班级：		姓名：	学号：		
学习情境 6		制作招聘网站职位详情页面			
评价项目		评价标准	分值	得分	
考勤 (20%)		无无故迟到、早退、旷课现象	20		
工作过程 (50%)	环境管理	能正确、熟练使用 HBuilder 工具管理开发环境	2		
	方案制作	能根据技术能力快速、准确地制订工作方案	3		
	整体框架	能够完成页面整体框架的搭建	2		
	页头、页脚	能够完成页面中页头和页脚的制作	3		
	导航栏	能够完成导航栏的制作	2		
	岗位申请	能够完成岗位申请板块的设置	10		
	岗位条件	能够结合弹性布局和媒体查询完成岗位条件的位置	14		
	内容板块	能够完成页面各子板块的开发	6		
	工作态度	态度端正，工作认真、主动	5		
	职业素质	能做到安全、文明、合法，爱护环境	3		
项目成果 (30%)	工作完整	能按时完成任务	5		
	工作质量	能按计划完成工作任务	15		
	识读报告	能正确识读并准备成果展示各项报告材料	5		
	成果展示	能准确表达、汇报工作成果	5		
合计			100		

拓展思考

1. 参考本学习情境，思考用户详情页面的响应式布局如何实现？
2. 参考本学习情境，思考用户详情页面的收藏、分享功能按钮如何实现？

单元 5　制作网站首页

网站首页通常是信息的聚合页面，包含多个内容板块。本单元将学习制作一个招聘网站首页和一个企业网站首页，这两个首页的内容板块具有一定的通用性和代表性，通过举一反三，还可以制作出类似的网站首页页面。单元 5 教学导航如表 5-1 所示。

教学导航

表 5-1　单元 5 教学导航

知识重点	1. HTML5 音频元素的用法 2. HTML5 视频元素的用法 3. CSS3 动画的用法 4. CSS3 过渡效果的用法 5. CSS3 变形效果的用法 6. CSS3 多列布局的用法
知识难点	CSS 3 动画相关属性的设置
推荐教学方式	从学习情境入手，通过引导学生制作一个招聘网站首页 Web 页面，让学生掌握 HTML5 多媒体元素的用法和 CSS3 动画、多列布局样式的用法；通过引导学生制作一个企业网站首页 Web 页面，让学生掌握 CSS3 过渡、变形样式属性的用法
建议学时	12 学时
推荐学习方法	网站的首页通常是一个信息聚合页面，要综合运用多种 HTML 标签和 CSS 样式，需多巩固前面的学习内容，再结合新知识点，实现效果图中的网页
必须掌握的理论知识	1. <video>标签及属性 2. @keyframes 规则 3. animation 样式属性 4. transition 样式属性 5. transform 样式属性 6. column 样式属性
必须掌握的技能	1. 使用 HTML5 多媒体元素开发网页 2. 使用 CSS3 动画属性美化网页 3. 使用 CSS3 过渡属性美化网页 4. 使用 CSS3 变形属性美化网页 5. 使用 CSS3 多列布局属性开发网页

5.1　学习情境 7　制作招聘网站首页

学习情境描述

1. 教学情境

本学习情境的任务是制作一个招聘网站的首页，最终效果如图 5-1 所示。在本学习情境中，我们需要考虑与网站首页制作相关的各种内容，如页头、页脚、导航条、宣传图（视频）、轮播图、列表等，通过将新学的知识技能与前面学习的内容相结合，进行综合运用，从而完成招聘网站首页的开发制作。

图 5-1　招聘网站首页效果图

2．关键知识点

（1）音频元素<audio>的使用方法。

（2）视频元素<video>的使用方法。

（3）动画关键帧@keyframes 规则的使用方法。

（4）动画样式 animation 属性的使用方法。

3．关键技能点

（1）使用<video>元素在网页中播放视频。

（2）使用@keyframes 和 animation 属性实现动画效果。

学习目标

1. 掌握综合运用 HTML5 和 CSS3 实现包含页头、页脚、导航栏、宣传栏、轮播图、信息列表板块、图片展示板块等的聚合型网页的技能。

2. 掌握在网页中实现音视频播放的方法。

3. 掌握在网页中实现动画效果的方法。

4. 掌握使用 CSS 动画制作自动播放的轮播图的方法。

任 务 书

1. 完成招聘网站首页的整体框架搭建。

2. 实现招聘网站首页的页头、页脚效果。

3. 完成招聘网站首页的导航栏设计。

4. 实现招聘网站首页的宣传栏视频播放效果。

5. 实现招聘网站首页的轮播图效果。

6. 完成招聘网站首页的其余各子板块设计。

获取信息

引导问题：

1. 网站首页一般需要包含哪些模块？

_____

2. 制作网站首页的各个模块时需要用到哪些页面元素？

_____

_____

工作计划

1. 制订工作方案（见表 5-2）

表 5-2　工作方案

步骤	工作内容

2．设计出此页面的功能

3．列出工具清单（见表 5-3）

表 5-3　工具清单

序号	名称	版本	备注

4．列出技术清单（见表 5-4）

表 5-4　技术清单

序号	名称	版本	备注

进行决策

1．根据引导、构思、计划等，各自阐述自己的设计方案。

2．对其他人的设计方案提出自己不同的看法。

3．教师结合大家完成的情况进行点评，选出最佳方案，并写出最佳方案。

_____

_____

_____

知识准备

"制作招聘网站首页"知识分布网络，如图 5-2 所示。

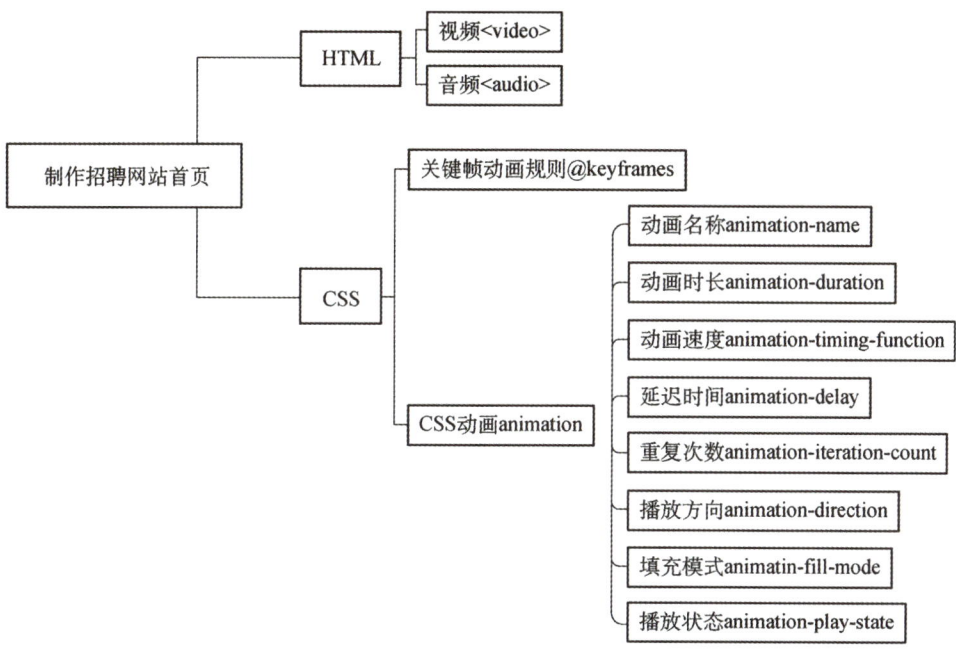

图 5-2 "制作招聘网站首页"知识分布网络

5.1.1 视频元素<video>

<video>是 HTML5 中新增的元素，它的作用是在 HTML 页面中嵌入视频元素，<video> 元素支持 3 种视频格式：MP4、WebM 和 Ogg。<video>元素的常用属性，如表 5-5 所示。

video、audio 元素

表 5-5 video 标签常用属性

属性	描述
autoplay	如果出现该属性，则视频在就绪后马上播放
controls	如果出现该属性，则向用户显示控件，比如播放按钮
height	设置视频播放器的高度
loop	如果出现该属性，则当媒体文件完成播放后再次开始播放
muted	规定视频输出应该被静音
poster	规定视频下载时显示的图像，或者在用户点击播放按钮前显示的图像
preload	如果出现该属性，则视频在页面加载时进行加载，并预备播放 如果使用"autoplay"，则忽略该属性
src	要播放的视频的 URL
width	设置视频播放器的宽度

示例：

```
<video src="movie.ogg" controls="controls">
您的浏览器不支持 video 标签。
```

```
</video>
```

可以在 <video> 和 </video> 标签之间放置文本内容，这样不支持 <video> 元素的浏览器就可以显示出该标签的信息。

5.1.2 音频元素<audio>

<audio>是 HTML5 中新增的元素，它的作用是在 HTML 页面中嵌入音频元素，<audio> 元素支持 MP3、WAV 和 Ogg 格式的音频文件。<audio>元素的常用属性，如表 5-6 所示。

表 5-6 audio 标签常用属性

属性	描述
autoplay	如果出现该属性，则音频在就绪后马上播放
controls	如果出现该属性，则向用户显示控件，比如播放按钮
loop	如果出现该属性，则当音频完成播放后再次开始播放
muted	规定音频输出被静音
preload	如果出现该属性，则音频在页面加载时进行加载，并预备播放 如果使用"autoplay"，则忽略该属性
src	要播放的音频的 URL

示例：

```
<audio src="someaudio.wav">
您的浏览器不支持 audio 标签。
</audio>
```

可以在 <audio> 和 </audio> 标签之间放置文本内容，这样不支持 <audio> 元素的浏览器就可以显示出该标签的信息。

@keyframes、
animation 属性

5.1.3 关键帧动画规则@keyframes

想要实现 CSS 动画效果，首先需要使用@keyframes 制定动画的规则（即指定关键帧）。在@keyframes 规则中指定 CSS 样式，动画将在特定时间逐渐从当前样式更改为新样式。指定的变化发生时使用％，或关键字"from"和"to"，0％表示开头动画，100％表示动画完成时的状态。@keyframes 属性说明如表 5-7 所示。

语法：

```
@keyframes animationname {keyframes-selector {css-styles;}}
```

表 5-7 @keyframes 属性说明

属性	描述
animationname	必需指定，定义动画的名称
keyframes-selector	必需的。动画持续时间的百分比 合法值： 0～100% from (和 0%相同) to (和 100%相同)
css-styles	必需的。一个或多个合法的 CSS 样式属性

示例：

```
@keyframes mymove {
0% {
    top: 0px;
    left: 0px;
    background: red;
}
50% {
    top: 100px;
    left: 100px;
    background: yellow;
}
100% {
    top: 0px;
    left: 0px;
    background: red;
}
}
```

5.1.4　CSS 动画属性 animation

使用 CSS3 新增的 animation 属性可以实现元素的动画效果。animation 属性说明如表 5-8 所示。
语法：

```
animation: name duration timing-function delay iteration-count direction fill-mode
play-state;
```

表 5-8　animation 属性说明

属性	描述
animation-name	必需的。指定要绑定的关键帧动画的名称 即@keyframes 规则中的 animation name
animation-duration	必需的。指定动画需要多少秒或毫秒完成
animation-timing-function	设置动画将如何完成一个周期 合法值： linear 动画从头到尾的速度是相同的 ease 默认值。动画以低速开始，然后加快，在结束前变慢 ease-in 动画以低速开始 ease-out 动画以低速结束 ease-in-out 动画以低速开始和结束 steps(int,start|end) 指定了时间函数中的间隔数量（步长）。有两个参数：第一个参数指定函数的间隔数，该参数是一个正整数（大于 0）；第二个参数是可选的，表示动画是从时间段的开头（start）连续还是末尾连续（end，默认值） cubic-bezier(n,n,n,n) 在 cubic-bezier 函数中指定的值。可能的值是从 0 到 1 的数值
animation-delay	设置动画在启动前的延迟间隔需要多少秒或毫秒
animation-iteration-count	定义动画的播放次数 合法值： n 正整数，定义应该播放多少次动画 infinite 指定动画播放无限次
animation-direction	指定是否应该轮流反向播放动画 合法值： normal 默认值。动画按正常播放 reverse 动画反向播放 alternate 动画在奇数次正向播放，在偶数次反向播放 alternate-reverse 动画在奇数次反向播放，在偶数次正向播放
animation-fill-mode	规定当动画不播放时（当动画完成时，或当动画有一个延迟未开始播放时），要应用到元素的样式 合法值： none 默认值。动画在动画执行之前和之后不会应用任何样式到目标元素 forwards 当动画完成后，保持最后一个属性值（在最后一个关键帧中定义）

（续表）

属性	描述
animation-fill-mode	backwards 在 animation-delay 所指定的一段时间内，在动画显示之前，应用开始属性值（在第一个关键帧中定义） both 向前和向后填充模式都被应用
animation-play-state	规定动画是运行还是暂停 属性值： paused 动画暂停 running 动画播放

示例：

```
div
{
    animation:mymove 5s infinite;
}
```

相关案例

制作招聘网站首页

1. 页面整体布局

此页面为多行布局的形式，包含页头、导航栏、内容部分及页脚，其中内容部分区域含有多列布局，整体结构如图 5-3 所示。

页头		
导航栏		
快速导航		
宣传栏		
轮播图板块	新闻板块	通知板块
现场招聘会	职位搜索	登录区域
重点产业企业		
校企合作院校		
会员单位招聘信息		
高校毕业生简历专区	求职信息	就业援助求职者专区
HR园地.....	职场动态.....	面试指南
网站链接1		
网站链接2		
页脚		

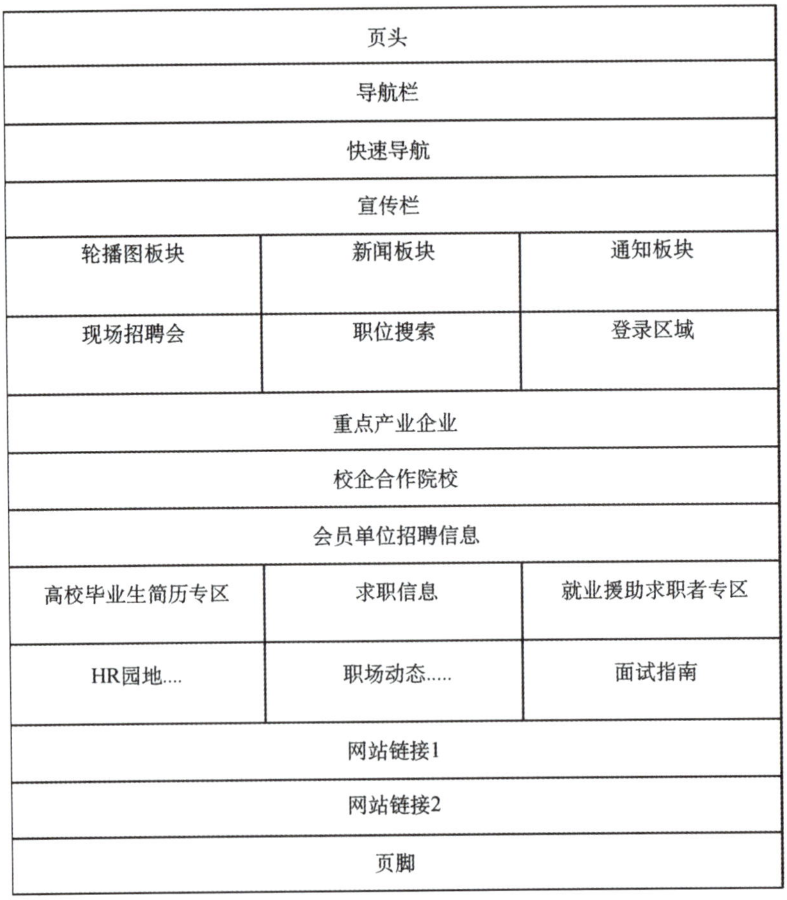

图 5-3　页面整体布局

根据内容结构，编写 HTML 文件 index.html，引入字体图标样式文件（需先下载
font-awesome 字体图标或使用在线资源），创建并引入通用样式文件 base.css 和首页样式文件
index.css。

index.html 文件的代码如下：

```
<!DOCTYPE html>
<html>
<head>
    <meta charset="utf-8">
    <title>首页 - 郫都校企人力资源联盟网</title>
    <link rel="stylesheet" type="text/css" href="font/css/font-awesome.css"/>
    <link rel="stylesheet" type="text/css" href="css/base.css"/>
    <link rel="stylesheet" type="text/css" href="css/index.css"/>
</head>
<body>
    <!-- 页头 -->
    <header id="header">页头</header>
    <!-- 导航 -->
    <nav id="navigation">导航栏</nav>
    <!-- 内容 -->
    <div id="content">
        <nav id="quick">快速导航</nav>
        <div id="billboard">宣传栏</div>
        <!-- 主要内容 -->
        <div class="main">
            <div id="main-top">
                <section id="carousel">轮播图板块</section>
                <section id="news">新闻板块</section>
                <section id="notice">通知板块</section>
                <section id="job-fair">现场招聘会</section>
                <section id="job-search">职位搜索</section>
                <section id="login">登录区域</section>
            </div>
            <section class="pic-display">重点产业企业</section>
            <section class="pic-display">校企合作院校</section>
            <section id="member-jobinfo">会员单位招聘信息</section>
            <div id="main-bottom">
                <section id="resume">高校毕业生简历专区</section>
                <section id="jobinfo">求职信息</section>
                <section id="helpjob">就业援助求职者专区</section>
                <section id="career">HR 园地......</section>
                <section id="policy">职场动态......</section>
                <section id="interview">面试指南......</section>
            </div>
            <div class="links">网站链接 1</div>
            <div class="links">网站链接 2</div>
        </div>
    </div>
    <!-- 页脚 -->
    <footer>页脚</footer>
</body>
</html>
```

base.css 文件主要编写通用的样式设置，代码如下：

```css
*{
margin:0;
padding:0;
font-family: "微软雅黑";
font-weight: 200;
}
a{
text-decoration: none;
}
ul,li{
list-style: none;
}
.left{
float: left;
}
.right{
float: right;
}
.clearfix:after{
content: '';
display: block;
height: 0;
clear: both;
}
.flexbox{
display: flex;
}
```

2. 页头

页头部分要实现的效果如图 5-4 所示。

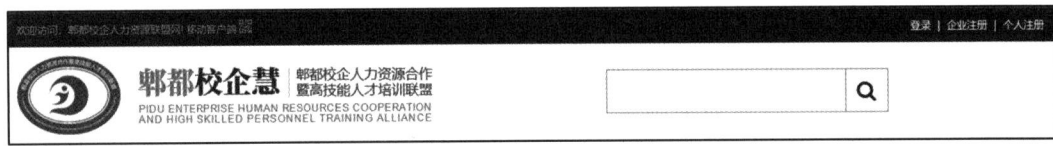

图 5-4　页头效果

页头分为上下两个部分，上部分是顶栏，下部分是 logo 和搜索栏，利用浮动合理分布各元素。编写页头的 HTML 代码如下：

```html
<header id="header">
    <div id="top">
        <div id="topbar" class="clearfix">
            <span>欢迎访问，郫都校企人力资源联盟网！移动客户端
            <img src="img/khd.png" ></span>
            <div class="right">
                <a href="">登录</a>
                <span>|</span>
                <a href="">企业注册</a>
                <span>|</span>
                <a href="">个人注册</a>
```

```
                </div>
            </div>
        </div>
        <div id="heading" class="clearfix">
            <div id="logo" class="left">
                <a href="http://www.pdrc.org.cn">
                    <img alt="郫都校企人力资源联盟网" src="./img/logo.png" />
                </a>
            </div>
            <div class="left">
                <form id="hsearch" action="">
                    <div class="input-group clearfix">
                        <input type="text">
                        <a        href=""       class="btn"><i        class="fa
fa-search"></i></a>
                    </div>
                </form>
            </div>
        </div>
    </header>
```

在 index.css 中编写页头的样式代码如下：

```
/* 头部样式 */
#top{
background-color: #333333;
}
#topbar{
width: 1200px;
height: 40px;
margin: 0 auto;
color:#b0b0b0;
line-height: 40px;
font-size: 12px;
}
#top .right{
color:#fff;
}
#top .right a{
color:#fff;
}
#top .right a:hover{
color: #FF8C00;
}
#top .right span{
padding: 0 4px;
}

/* logo */
#heading{
width: 1200px;
height: 92px;
margin: 0px auto;
```

```
padding: 10px 0;
}
#logo{
width:490px;
height:92px;
margin-right: 200px;
}
/* 顶部搜索栏 */
#hsearch{
margin-top: 20px;
}
#hsearch .input-group input[type="text"]{
height: 48px;
width: 270px;
font-size: 14px;
padding-left: 6px;
color: #757575;
border:solid 1px rgb(169, 169, 169);
border-right-width: 0;
outline:none;
margin: 0;
float: left;
}
#hsearch .input-group .btn{
width: 48px;
height: 48px;
border:solid 1px rgb(169, 169, 169);
display: block;
float: left;
line-height: 48px;
text-align: center;
color: #333;
font-size: 24px;
}
```

3. 导航栏

导航栏要实现的效果如图 5-5 所示。

首页   联盟概况   联盟动态   资源共享   人才市场   业务受理   在线学习   政策解读   交流互动

图 5-5 导航栏效果

使用无序列表编写导航栏内容结构，HTML 代码如下：

```
<nav id="navigation">
    <ul class="navbar">
        <li class="nav-item active"><a href="">首页</a></li>
        <li class="nav-item"><a href="">联盟概况</a></li>
        <li class="nav-item"><a href="">联盟动态</a></li>
        <li class="nav-item"><a href="">资源共享</a></li>
        <li class="nav-item"><a href="">人才市场</a></li>
        <li class="nav-item"><a href="">业务受理</a></li>
        <li class="nav-item"><a href="">在线学习</a></li>
```

```
        <li class="nav-item"><a href="">政策解读</a></li>
        <li class="nav-item"><a href="">交流互动</a></li>
    </ul>
</nav>
```

将列表项的 display 属性设置为 inline-block，实现导航项横向排列效果。在 home.ss 文件中添加导航栏的样式代码如下：

```
/* 导航栏 */
#navigation{
background-color: rgb(38,113,217);
}
#navigation .navbar{
width: 1200px;
margin: 0 auto;
font-size: 0;
}
.navbar>.nav-item{
list-style: none;
display: inline-block;
font-size: 16px;
}
.navbar>.nav-item>a{
color:#fff;
padding: 15px 25px;
display: block;
}
.navbar>.nav-item:hover,.navbar>.nav-item.active{
background-color: rgb(6, 77, 180);
}
```

4. 内容板块

内容板块的内容较多，我们按照视觉上从上到下的顺序依次实现。

首先设置内容板块的背景色为灰色，在 index.css 文件中添加如下代码：

```
/* 内容 */
#content{
background-color: rgb(245,245,245);
}
```

（1）快速导航栏

快速导航栏用于放置该网站常用的站内链接，效果如图 5-6 所示。

| 求职 | 求职须知　个人注册　个人登录　热门职位 | 招聘 | 招聘须知　企业注册　企业登录　展位预定 |

图 5-6　快速导航栏效果

完善快速导航栏的 HTML 文档，代码如下：

```
<nav id="quick">
    <span class="tag">求职</span>
    <a href="">求职须知</a>
    <a href="">个人注册</a>
    <a href="">个人登录</a>
```

143

```
            <a href="">热门职位</a>
            <span class="tag">招聘</span>
            <a href="">招聘须知</a>
            <a href="">企业注册</a>
            <a href="">企业登录</a>
            <a href="">展位预定</a>
        </nav>
```

利用兄弟选择器选中第二个标签（即"招聘"标签），在 index.css 文件中添加如下代码：

```
/* 快速导航栏 */
#quick{
width: 1200px;
height: 36px;
margin: 0 auto;
font-size: 14px;
}
#quick span{
padding: 2px 8px;
margin: 0 10px;
line-height: 36px;
background-color: #FF8C00;
border-radius: 4px;
color:#fff;
}
#quick>a{
color:#333;
margin: 0 5px;
font-weight: 200;
}
#quick>a:hover{
text-decoration: underline;
color:#005bac;
}
#quick>a~span.tag{
margin-left: 40px;
}
```

（2）宣传栏

宣传栏由视频+文字组成，效果如图 5-7 所示。

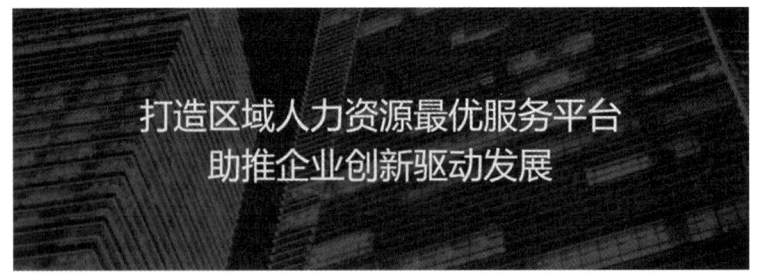

图 5-7　宣传栏效果

建立 media 目录放置视频，在 HTML 文档中添加视频和文字，并为视频设置自动循环静音播放，代码如下：

```
        <div id="billboard">
            <video src="media/video.mp4" autoplay loop muted>
```

```
            当前浏览器不支持 video 直接播放
        </video>
        <div class="txt-middle">
            <p>打造区域人力资源最优服务平台<br>
            助推企业创新驱动发展</p>
        </div>
    </div>
</div>
```

利用绝对定位放置视频和文字，在 index.css 文件中添加如下代码：

```css
/* 宣传栏 */
#billboard{
height: 420px;
overflow: hidden;
position: relative;
background-color: #333333;
}
#billboard video{
width: 100%;
height: auto;
position: absolute;
bottom: 0;
opacity: 0.4;
}
#billboard .txt-middle{
width: 100%;
height: auto;
margin: 0 auto;
position: relative;
text-align: center;
}
#billboard .txt-middle p{
font-size: 56px;
line-height: 80px;
color:rgb(248,252,187);
margin-top: 130px;
}
```

（3）主要内容上部分

主要内容的上部分包括几个内容板块，效果如图 5-8 所示。

图 5-8　主要内容上部分效果

145

像这样的多行多列布局利用浮动、定位或弹性盒布局均可实现，在此以弹性盒布局为例说明如何实现该效果。

为#main-top 添加.flexbox 类，修改后的 HTML 代码如下：

```
<div id="main-top" class="flexbox">
    <section id="carousel">轮播图板块</section>
    <section id="news">新闻板块</section>
    <section id="notice">通知板块</section>
    <section id="job-fair">现场招聘会</section>
    <section id="job-search">职位搜索</section>
    <section id="login">登录区域</section>
</div>
```

为主要内容设置宽度并居中，设置上部分的弹性盒属性，定好几个板块的宽度，在 index.css 中添加如下代码：

```
/* 主内容 */
.main{
width: 1200px;
margin: 0 auto;
}
/* 上部分 */
#main-top{
height: 600px;
flex-wrap: wrap;
justify-content: space-between;
align-content: space-around;
}
/* 各板块尺寸 */
#carousel{
width: 480px;
height: 300px;
overflow: hidden;
}
#news{
box-sizing: border-box;
width: 380px;
height: 300px;
}
#notice{
box-sizing: border-box;
width: 300px;
height: 300px;
}
#job-fair{
box-sizing: border-box;
width: 480px;
height: 260px;
}
#job-search{
box-sizing: border-box;
width: 380px;
height: 260px;
```

```
}
#login{
box-sizing: border-box;
width: 300px;
height: 260px;
}
```

① 轮播图板块

利用 CSS3 动画可以实现轮播图自动播放，轮播图板块实现效果如图 5-9 所示。

图 5-9　轮播图板块效果图

轮播图板块分为图片、标题文字和指示点三个部分，每个部分用一个无序列表放置，HTML 代码如下：

```
<section id="carousel">
<div class="carousel">
    <ul class="carousel-content">
        <li><a href="" style="background-image: url(img/c1.png);"></a></li>
        <li><a href="" style="background-image: url(img/c2.png);"></a></li>
        <li><a href="" style="background-image: url(img/c3.png);"></a></li>
        <li><a href="" style="background-image: url(img/c4.png);"></a></li>
        <li><a href="" style="background-image: url(img/c5.png);"></a></li>
    </ul>
    <ul class="carousel-title">
        <li>点面结合精准切入，跨区域人才招引见实效</li>
        <li>郫都区人社局到道孚县对口帮扶</li>
        <li>郫都区深入扶贫集中安置点推广蜀绣技艺</li>
        <li>安德街道召开中国川菜人才荟"双12"现场招聘会</li>
        <li>郫筒街道积极开展 2021 年返乡创业职业技能培训</li>
    </ul>
    <ul class="carousel-dot">
        <li class="dot"></li>
        <li class="dot"></li>
        <li class="dot"></li>
        <li class="dot"></li>
        <li class="dot"></li>
        <li class="dot active"></li>
    </ul>
</div>
</section>
```

使用浮动将一系列图片、文字和圆点横向排列，利用绝对定位放置内容，设置 left 属性关键帧，用 steps(1,end)的速度曲线逐帧播放动画。在 index.css 中添加如下代码：

```
/* 轮播图 */
.carousel{
position: relative;
width: 480px;
height: 300px;
overflow: hidden;
}
.carousel .carousel-content{
width: 2400px;
position: absolute;
left: 0;
top: 0;
animation: ani-carousel 10s steps(1,end) infinite;
}
/* 鼠标悬停时暂停 */
.carousel:hover>ul,
.carousel:hover>ul .dot.active{
animation-play-state: paused;
}
.carousel .carousel-content li{
list-style: none;
height: 100%;
float: left;
}
.carousel .carousel-content li a{
width: 480px;
height: 300px;
display: block;
background-position: center;
background-size: cover;
}
/* 图片和文字动画 */
@keyframes ani-carousel{
0%{
    left: 0;
}
20%{
    left: -480px;
}
40%{
    left: -960px;
}
60%{
    left: -1440px;
}
80%{
    left: -1920px;
}
100%{
    left: 0;
```

```
    }
}
.carousel .carousel-title{
width: 2400px;
position: absolute;
left: 0;
bottom: 0;
animation: ani-carousel 10s steps(1,end) infinite;
background-color: rgba(128,128,128,0.5);
}
.carousel .carousel-title li{
width: 480px;
height: 30px;
list-style: none;
float: left;
color: #FFFFFF;
font-weight: bold;
font-size: 14px;
line-height: 30px;
padding-left: 10px;
padding-right: 200px;
box-sizing: border-box;
/* 过长显示省略号 */
overflow: hidden;
text-overflow: ellipsis;
white-space: nowrap;
}
.carousel .carousel-dot{
width: 75px;
position: absolute;
right: 7px;
bottom: 9px;
}
.carousel .carousel-dot .dot{
list-style: none;
float: right;
border-radius: 50%;
width: 12px;
height: 12px;
background-color: #ccc;
margin-right: 3px;
}
/* 指示点动画 */
@keyframes ani-carousel-dot{
0%{
    left: 0;
}
20%{
    left: 15px;
}
40%{
    left: 30px;
}
```

```
60%{
    left: 45px;
}
80%{
    left: 60px;
}
100%{
    left: 0;
}
}
.carousel .carousel-dot .dot.active{
background-color: #fff;
position: absolute;
top: 0;
left: 0;
animation: ani-carousel-dot 10s steps(1,end) infinite;
}
```

② 新闻板块

新闻板块以选项卡的形式显示，实现效果如图 5-10 所示。

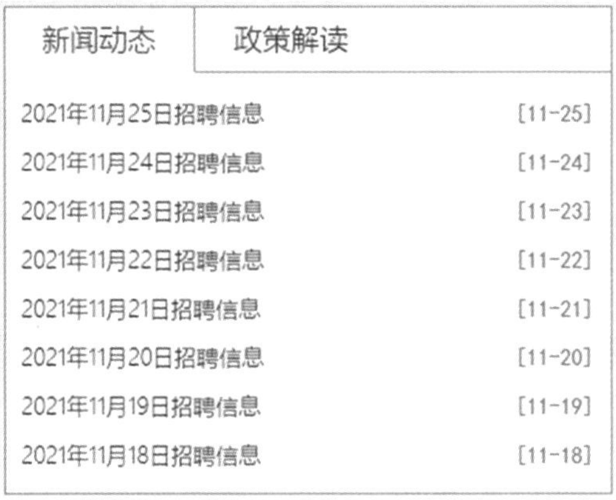

新闻动态	政策解读	
2021年11月25日招聘信息		[11-25]
2021年11月24日招聘信息		[11-24]
2021年11月23日招聘信息		[11-23]
2021年11月22日招聘信息		[11-22]
2021年11月21日招聘信息		[11-21]
2021年11月20日招聘信息		[11-20]
2021年11月19日招聘信息		[11-19]
2021年11月18日招聘信息		[11-18]

图 5-10　新闻板块效果

为#news 添加一个.tab 类，用两个无序列表分别放置选项卡标题和选项卡内容，对于当前项使用.active 类进行标记，HTML 代码如下：

```
<section id="news" class="tab">
<ul class="tab-title">
    <li class="active"><a id="news-xw" href="">新闻动态</a></li>
    <li><a id="news-zc" href="">政策解读</a></li>
</ul>
<ul class="tab-body">
    <li class="active">
        <ul class="tab-content">
            <li><a    href="">2021    年    11    月    25    日    招    聘    信    息
</a><span>[11-25]</span></li>
            <li><a    href="">2021    年    11    月    24    日    招    聘    信    息
</a><span>[11-24]</span></li>
            <li><a    href="">2021    年    11    月    23    日    招    聘    信    息
</a><span>[11-23]</span></li>
```

```
                <li><a      href="">2021      年      11      月      22      日  招  聘  信  息
</a><span>[11-22]</span></li>
                <li><a      href="">2021      年      11      月      21      日  招  聘  信  息
</a><span>[11-21]</span></li>
                <li><a      href="">2021      年      11      月      20      日  招  聘  信  息
</a><span>[11-20]</span></li>
                <li><a      href="">2021      年      11      月      19      日  招  聘  信  息
</a><span>[11-19]</span></li>
                <li><a      href="">2021      年      11      月      18      日  招  聘  信  息
</a><span>[11-18]</span></li>
            </ul>
        </li>
        <li>
            <ul class="tab-content">
                <li><a href="">成都市支持优秀海外高校应届毕业生创新创业补贴实施细则政策解
读</a><span>[04-25]</span></li>
                <li><a href="">网络招聘服务管理规定</a><span>[04-25]</span></li>
                <li><a href="">市人社局 市财政局 人行成都分行营管部关于进一步规范创业担保
贷款政策支持创业就业的通知</a><span>[04-25]</span></li>
                <li><a href="">小微企业招用高校毕业生享受社保补贴和岗位补贴办事指南
</a><span>[04-25]</span></li>
                <li><a      href=""> 经 营 困 难 且 恢 复 有 望 企 业 稳 岗 返 还 办 事 指 南
</a><span>[04-25]</span></li>
                <li><a      href=""> 成 都 市 郫 都 区 企 业 以 工 代 训 补 贴 申 报 指 南
</a><span>[04-25]</span></li>
                <li><a href="">创业培训补贴申请办事指南</a><span>[04-25]</span></li>
                <li><a      href=""> 全 民 职 业 技 能 提 升 补 贴 办 事 指 南
</a><span>[04-25]</span></li>
            </ul>
        </li>
    </ul>
</section>
```

通过对选项卡标题及标题项的边框进行组合，可实现选项卡标题效果；时间数字需要选用等宽字体，否则会显得参差不齐。在 index.css 中添加如下代码：

```
/* 新闻选项卡 */
.tab{
border: 1px solid #b0b0b0;
background-color: #fff;
}
/* 选项卡标题 */
.tab .tab-title{
height: 40px;
box-sizing: border-box;
border-bottom: 1px solid #b0b0b0;
font-size: 0;
}
.tab .tab-title>li{
display: inline-block;
border-right: 1px solid #b0b0b0;
width: 120px;
height: 40px;
```

```
text-align: center;
line-height: 40px;
box-sizing: border-box;
}
.tab .tab-title>li>a{
color: #333;
font-size: 18px
}
.tab .tab-title>li.active{
border-left: 1px solid #b0b0b0;
border-bottom: 1px solid #fff;
}
.tab .tab-title>li.active>a{
color:#005BAC;
}
.tab .tab-title>li:first-child{
border-left-width: 0;
}
.tab .tab-title>li:last-child{
border-right-width: 0;
}
/* 选项卡内容 */
.tab .tab-body{
box-sizing: border-box;
padding: 10px;
overflow: hidden;
}
.tab .tab-body>li{
display: none;
font-size: 14px;
}
.tab .tab-body>li.active{
display: block;
}
.tab .tab-body .tab-content>li{
height: 30px;
line-height: 30px;
}
#news .tab .tab-body .tab-content>li>a{
width: 280px;
}
.tab .tab-body .tab-content>li>a{
text-decoration: none;
color: #333;
display: inline-block;
/* 过长显示省略号 */
overflow: hidden;
text-overflow: ellipsis;
white-space: nowrap;
}
.tab .tab-body .tab-content>li>a:hover{
text-decoration: underline;
}
```

```
.tab .tab-body .tab-content>li>span{
color:#999;
float: right;
/* 使用数字等宽的字体 */
font-family: '黑体' !important;
}
```

③ 通知板块

通知板块以面板的形式显示，实现效果如图 5-11 所示。

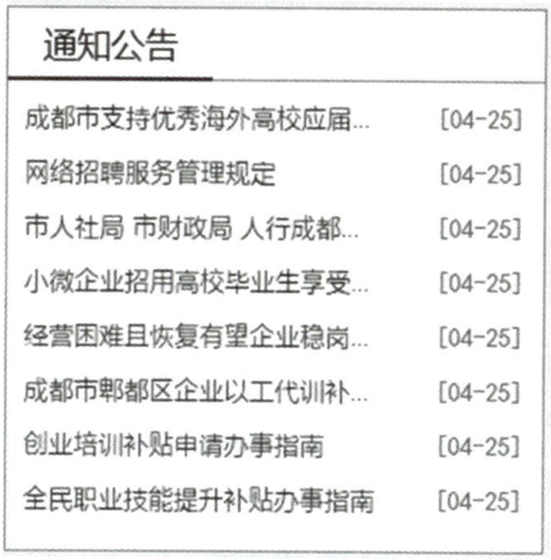

图 5-11   通知板块效果

为#notice 添加一个.panel 类，HTML 代码如下：

```
<section id="notice" class="panel">
<div class="panel-title"><h3>通知公告</h3></div>
<div class="panel-content">
    <ul>
        <li><a href="">成都市支持优秀海外高校应届毕业生创新创业补贴实施细则政策解读
</a><span>[04-25]</span></li>
        <li><a href="">网络招聘服务管理规定</a><span>[04-25]</span></li>
        <li><a href="">市人社局 市财政局 人行成都分行营管部关于进一步规范创业担保贷款
政策支持创业就业的通知</a><span>[04-25]</span></li>
        <li><a href="">小微企业招用高校毕业生享受社保补贴和岗位补贴办事指南
</a><span>[04-25]</span></li>
        <li><a href="">经营困难且恢复有望企业稳岗返还办事指南
</a><span>[04-25]</span></li>
        <li><a href="">成都市郫都区企业以工代训补贴申报指南
</a><span>[04-25]</span></li>
        <li><a href="">创业培训补贴申请办事指南</a><span>[04-25]</span></li>
        <li><a href="">全民职业技能提升补贴办事指南</a><span>[04-25]</span></li>
    </ul>
</div>
</section>
```

后面几个板块均采用面板形式，因此可以设置一些面板的通用样式，在 index.css 中添加如
下代码：

```
/* 面板 */
.panel{
```

```
border:1px solid #b0b0b0;
background-color: #fff;
overflow: hidden;
box-sizing: border-box;
overflow: hidden;
}
.panel-title{
border-bottom: 1px solid #b0b0b0;
height: 40px;
box-sizing: border-box;
}
/* 面板标题为文字 */
.panel-title>h3{
line-height: 40px;
height: 40px;
padding: 0 20px;
display: inline-block;
text-align: center;
border-bottom: 2px solid #005BAC;
box-sizing: border-box;
font-weight: normal;
color: #005BAC;
}
/* 面板标题为图片 */
.panel-title>img{
height: 40px;
}
.panel-content{
padding: 10px;
}
```

然后编写设置通知面板的样式，CSS 代码如下：

```
/* 通知面板 */
#notice.panel .panel-content>ul>li>a{
width: 200px;
}
.panel-content>ul>li{
height: 20px;
line-height: 20px;
font-size: 14px;
margin-bottom: 10px;
}
.panel-content>ul>li>a{
color: #333333;
display: inline-block;
overflow: hidden;
text-overflow: ellipsis;
white-space: nowrap;
}
.panel-content>ul>li>a:hover{
text-decoration: underline;
}
```

```
.panel-content>ul>li>span{
color:#999;
float: right;
font-family: '黑体' !important;
}
.panel-content>ul>li:after{
content: '';
display: block;
height: 0;
clear: both;
}
```

④ 现场招聘会板块

现场招聘会板块以面板的形式显示，实现效果如图 5-12 所示。

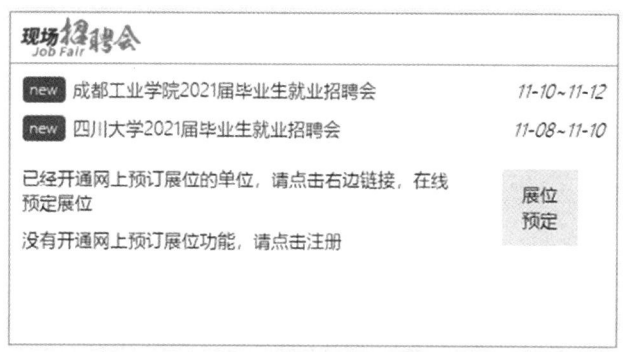

图 5-12　现场招聘会板块效果

为#job-fair 添加一个.panel 类，HTML 代码如下：

```
<section id="job-fair" class="panel">
<div class="panel-title"><img src="img/job_fair.png" ></div>
<div class="panel-content">
    <ul>
        <li class="new"><a href=""> 成都工业学院 2021 届毕业生就业招聘会
</a><i>11-10~11-12</i></li>
        <li class="new"><a href=""> 四川大学 2021 届毕业生就业招聘会
</a><i>11-08~11-10</i></li>
    </ul>
    <div class="position clearfix">
        <div class="left">
            <p>已经开通网上预订展位的单位，请点击右边链接，在线预定展位</p>
            <p> 没有开通网上预订展位功能，请点击<a href="">注册</a> </p>
        </div>
        <div class="right">展位<br>预定</div>
    </div>
</div>
</section>
```

用:before 伪元素实现"new"效果，在 index.css 中添加如下代码：

```
/* 现场招聘会 */
.panel-content .new::before{
content: 'new';
background-color: #ff5722;
display: block;
```

```
float: left;
width: 34px;
height: 20px;
font-size: 12px;
text-align: center;
line-height: 20px;
color:#fff;
border-radius: 4px;
margin-right: 6px;
}
.panel-content>ul>li>i{
float: right;
}
#job-fair .panel-content>ul>li>a{
width: 340px;
}
#job-fair .position{
margin-top: 20px;
font-size: 14px;
}
#job-fair .position .left{
width: 340px;
}
#job-fair .position .left p{
margin-bottom: 10px;
}
#job-fair .position .left a{
color: #005BAC;
}
#job-fair .position .right{
width: 60px;
height: 60px;
text-align: center;
line-height: 20px;
padding-top: 10px;
box-sizing: border-box;
background-color: #dcefff;
margin-right: 20px;
}
```

⑤ 职位搜索器板块

职位搜索器板块以面板的形式显示，实现效果如图 5-13 所示。

图 5-13　职位搜索器板块效果

为#job-search 添加一个.panel 类，HTML 代码如下：

```
<section id="job-search" class="panel">
 <div class="panel-title"><img src="img/job_search.png" ></div>
 <div class="panel-content">
     <form action="">
         <input type="text" placeholder="请输入你要搜索的职位">
         <h4>工作地点：</h4>
         <div class="place">
             <a href="">不限</a>
             <a href="">郫筒街道</a>
             <a href="">犀浦街道</a>
             <a href="">红光街道</a>
             <a href="">安靖街道</a>
             <a href="">团结街道</a>
             <a href="">唐昌街道</a>
             <a href="">新民场街道</a>
             <a href="">花园街道</a>
             <a href="">安德街道</a>
             <a href="">唐元街道</a>
             <a href="">唐元街道</a>
         </div>
         <div class="btns clearfix">
             <a href="" id="gtzp" class="btn left"><i class="fa fa-search"></i>
个体招聘</a>
             <a href="" id="qyzp" class="btn right"><i class="fa fa-search"></i>
企业招聘</a>
         </div>
     </form>
 </div>
</section>
```

在 index.css 中添加如下代码：

```
/* 职位搜索 */
#job-search form input[type="text"]{
height: 32px;
width: 100%;
font-size: 14px;
padding-left: 10px;
box-sizing: border-box;
margin-top: 20px;
}
#job-search h4{
color:#FF8C00;
margin-top: 20px;
}
#job-search .place{
height: 40px;
overflow: hidden;
}
#job-search .place a{
font-size: 14px;
color: #005BAC;
white-space: nowrap;
```

```
}
#job-search .btns{
 margin-top: 15px;
}
#job-search .btns a.btn{
 display: block;
 width: 170px;
 height: 40px;
 line-height: 40px;
 border: solid 1px;
 font-size: 20px;
 font-weight: 500;
 text-align: center;
 border-radius: 4px;
}
#job-search .btns a.btn>i{
 margin-right: 10px;
}
#gtzp{
 color: #005BAC;
 background-color: #dcefff;
 border-color: #7ccdec80;
}
#qyzp{
 color: #f28400;
 background-color: #ffe5c7;
 border-color: #f5cb9b;
}
```

⑥ 登录板块

登录板块以面板的形式显示，实现效果如图 5-14 所示。

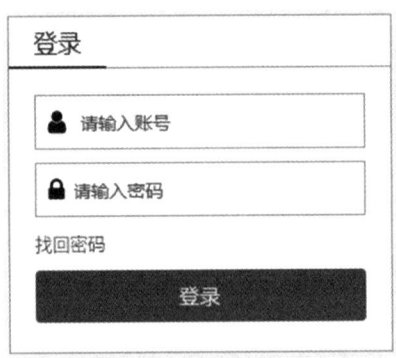

图 5-14　登录板块效果

为#login 添加一个.panel 类，用组合的方式实现文本框和密码框的图标及输入框效果，HTML 代码如下：

```
<section id="login" class="panel">
 <div class="panel-title"><h3>登录</h3></div>
 <div class="panel-content">
     <form action="">
         <div class="input-group clearfix">
```

```
            <i class="fa fa-user left"></i>
            <input class="left" type="text" placeholder="请输入账号">
        </div>
        <div class="input-group clearfix">
            <i class="fa fa-lock left"></i>
            <input class="left" type="password" placeholder="请输入密码">
        </div>

        <a href="" id="zhmm">找回密码</a>
        <a href="" id="login-btn" class="btn btn-block">登录</a>

    </form>
 </div>
</section>
```

去掉输入框默认的外框，重新组合，形成新的输入框样式。在 index.css 文件中添加如下代码：

```
/* 登录板块 */
#login .input-group{
border: 1px solid #B0B0B0;
margin: 10px;
height: 40px;
padding-left: 10px;
}
#login .input-group i{
width: 20px;
height: 40px;
display: block;
font-size: 20px;
line-height: 40px;
}
#login .input-group input[type="text"],
#login .input-group input[type="password"]{
font-size: 14px;
border: none;
width: 200px;
height: 40px;
}
#zhmm{
color: #005BAC;
font-size: 14px;
margin-left: 10px;
}
.btn-block{
display: block;
text-align: center;
border-radius: 4px;
}
#login-btn{
color:#fff;
background-color: rgb(39, 135, 221);
line-height: 40px;
font-size: 16px;
```

```
margin: 10px;
}
```

（4）图片展示区

重点产业企业和校企合作院校板块形式均为图片展示区，实现效果如图 5-15 所示。

图 5-15　重点产业企业和校企合作院校板块效果

使用语义结构中的 figure 和 figcaption 标签设置图片及其标题，HTML 代码如下：

```
<section class="pic-display">
<h2>郫都区部分重点产业企业</h2>
<div class="flexbox">
    <figure>
        <a href="" style="background-image: url(img/cdkcgfyxgs.png);"></a>
        <figcaption><a href="">成都客车股份有限公司</a></figcaption>
    </figure>
    <figure>
        <a href="" style="background-image: url(img/hgqcjd.png);"></a>
        <figcaption><a href="">四川红光汽车机电有限公司</a></figcaption>
    </figure>
    <figure>
        <a href="" style="background-image: url(img/scxddl.png);"></a>
        <figcaption><a href="">四川鑫电电缆有限公司</a></figcaption>
    </figure>
    <figure>
        <a href="" style="background-image: url(img/hd.png);"></a>
        <figcaption><a href="">四川华迪信息技术有限公司</a></figcaption>
    </figure>
    <figure>
        <a               href=""                   style="background-image:
url(img/scjxsyhgjxsbyxgs.png);"></a>
        <figcaption><a href="">四川金星石油化工机械设备有限公司</a></figcaption>
    </figure>
 </div>
</section>
<section class="pic-display">
 <h2>郫都区校企合作院校</h2>
 <div class="flexbox">
    <figure>
```

```
         <a href="" style="background-image: url(img/xnjt.jpg);"></a>
         <figcaption><a href="">西南交通大学</a></figcaption>
     </figure>
     <figure>
         <a href="" style="background-image: url(img/sccmxy.png);"></a>
         <figcaption><a href="">四川传媒学院</a></figcaption>
     </figure>
     <figure>
         <a href="" style="background-image: url(img/dzkj.jpg);"></a>
         <figcaption><a href="">电子科技大学</a></figcaption>
     </figure>
     <figure>
         <a href="" style="background-image: url(img/xhdx.png);"></a>
         <figcaption><a href="">西华大学</a></figcaption>
     </figure>
     <figure>
         <a href="" style="background-image: url(img/sckjzyxy.png);"></a>
         <figcaption><a href="">四川科技职业技术学院</a></figcaption>
     </figure>
 </div>
</section>
```

利用弹性盒布局均匀放置各个图片卡，在 index.css 文件中添加如下代码：

```
/* 图片展示 */
section.pic-display{
width: 1200px;
}
.pic-display>.flexbox{
justify-content: space-between;
}
.pic-display h2{
text-align: center;
margin-top: 40px;
margin-bottom: 20px;
}
.pic-display figure{
width: 220px;
height: 170px;
padding: 10px;
box-sizing: border-box;
background-color: #fff;
border: 1px solid #B0B0B0;
text-align: center;
}
.pic-display figure>a{
display: block;
height: 100px;
width: 180px;
margin: 10px auto;
background-position: center;
background-size: cover;
}
```

```css
.pic-display figcaption{
margin-top: 10px;
/* 过长显示省略号 */
overflow: hidden;
text-overflow: ellipsis;
white-space: nowrap;
}
.pic-display figcaption>a{
font-size: 16px;
color: #333;
}
```

（5）会员单位招聘信息板块

会员单位招聘信息板块展现形式为表格面板，实现效果如图 5-16 所示。

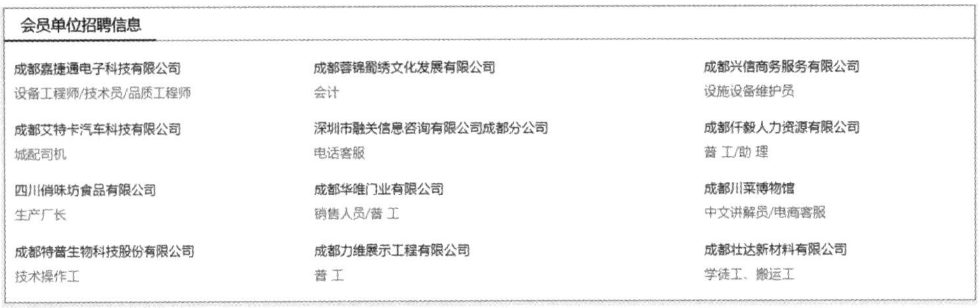

会员单位招聘信息		
成都嘉捷通电子科技有限公司	成都蓉锦蜀绣文化发展有限公司	成都兴信商务服务有限公司
设备工程师/技术员/品质工程师	会计	设施设备维护员
成都艾特卡汽车科技有限公司	深圳市融关信息咨询有限公司成都分公司	成都仟毅人力资源有限公司
城配司机	电话客服	普 工/助 理
四川俏味坊食品有限公司	成都华唯门业有限公司	成都川菜博物馆
生产厂长	销售人员/普 工	中文讲解员/电商客服
成都特普生物科技股份有限公司	成都力维展示工程有限公司	成都壮达新材料有限公司
技术操作工	普 工	学徒工、搬运工

图 5-16　会员单位招聘信息板块效果

为#member-jobinfo 添加一个.panel 类，使用表格放置信息，HTML 代码如下：

```html
<section id="member-jobinfo" class="panel">
<div class="panel-title"><h3>会员单位招聘信息</h3></div>
    <div class="panel-content">
        <table>
            <tr>
                <td>
                    <a href="">
                        <p class="company">成都嘉捷通电子科技有限公司</p>
                        <p class="job">设备工程师/技术员/品质工程师</p>
                    </a>
                </td>
                <td>
                    <a href="">
                        <p class="company">成都蓉锦蜀绣文化发展有限公司</p>
                        <p class="job">会计</p>
                    </a>
                </td>
                <td>
                    <a href="">
                        <p class="company">成都兴信商务服务有限公司</p>
                        <p class="job">设施设备维护员</p>
                    </a>
                </td>
            </tr>
            <tr>
```

```
        <td>
            <a href="">
                <p class="company">成都艾特卡汽车科技有限公司</p>
                <p class="job">城配司机</p>
            </a>
        </td>
        <td>
            <a href="">
                <p class="company">深圳市融关信息咨询有限公司成都分公司
</p>
                <p class="job">电话客服</p>
            </a>
        </td>
        <td>
            <a href="">
                <p class="company">成都仟毅人力资源有限公司</p>
                <p class="job">普 工/助 理</p>
            </a>
        </td>
    </tr>
    <tr>
        <td>
            <a href="">
                <p class="company">四川俏味坊食品有限公司</p>
                <p class="job">生产厂长</p>
            </a>
        </td>
        <td>
            <a href="">
                <p class="company">成都华唯门业有限公司</p>
                <p class="job">销售人员/普 工</p>
            </a>
        </td>
        <td>
            <a href="">
                <p class="company">成都川菜博物馆</p>
                <p class="job">中文讲解员/电商客服</p>
            </a>
        </td>
    </tr>
    <tr>
        <td>
            <a href="">
                <p class="company">成都特普生物科技股份有限公司</p>
                <p class="job">技术操作工</p>
            </a>
        </td>
        <td>
            <a href="">
                <p class="company">成都力维展示工程有限公司</p>
                <p class="job">普 工</p>
            </a>
        </td>
```

```
                    <td>
                        <a href="">
                            <p class="company">成都壮达新材料有限公司</p>
                            <p class="job">学徒工、搬运工</p>
                        </a>
                    </td>
                </tr>
            </table>
        </div>
    </section>
```

设置相应样式,在 index.css 文件中添加如下代码:

```
/* 会员单位招聘信息板块 */
#member-jobinfo{
margin-top: 40px;
width: 1200px;
height: 360px;
}
#member-jobinfo table{
width: 100%;
height: 300px;
}
#member-jobinfo table a{
line-height: 30px;
font-size: 16px;
font-weight: 200;
}
#member-jobinfo table a .company{
color:#005BAC;
}
#member-jobinfo table a .job{
color:#ff981d;
}
```

(6) 主要内容下部分
主要内容的下部分包括几个内容板块,效果如图 5-17 所示。

图 5-17　主要内容下部分效果

和主要内容上部分类似,可以使用弹性盒布局实现效果。

为#main-bottom 添加.flexbox 类，修改后的 HTML 代码如下：

```html
<div id="main-bottom" class="flexbox">
    <section id="resume">高校毕业生简历专区</section>
    <section id="jobinfo">求职信息</section>
    <section id="helpjob">就业援助求职者专区</section>
    <section id="career">HR 园地……</section>
    <section id="policy">职场动态……</section>
    <section id="interview">面试指南……</section>
</div>
```

为内容下部分及几个板块尺寸设置通用样式，在 index.css 文件中添加如下代码：

```css
/* 内容下部分及几个板块尺寸 */
#main-bottom{
width: 1200px;
height: 520px;
margin-top: 20px;
flex-wrap: wrap;
justify-content: space-between;
}
#main-bottom>section{
width: 390px;
height: 240px;
}
```

① 求职简历板块

有三个求职简历类型的板块，实现效果如图 5-18 所示。

高校毕业生简历专区				求职信息				就业援助求职者专区			
张同学	四川大学	本科	软件开发	51390119900613****	张女士	本科	会计	51390119900613****	张女士	汉族	市场策划
王同学	电子科技大学	硕士	游戏开发	51390119900713****	王女士	大专	人力资源	51390119900713****	王女士	汉族	销售
李同学	西南交通大学	本科	Web前端开发	51390119910623****	陈女士	大专	行政文员	51390119910623****	陈女士	汉族	护士
孙同学	四川传媒学院	本科	UI设计	51390119910617****	徐先生	大专	机电维修	51390119910617****	徐先生	苗族	秘书
韩同学	西华大学	本科	语文教师	51390119930113****	高先生	本科	软件测试	51390119930113****	李先生	汉族	前端开发
秦同学	四川科技职业技术…	大专	软件测试	51390119920213****	夏先生	本科	市场策划	51390119920213****	夏先生	汉族	游戏策划

图 5-18　求职简历板块效果

对#resume、#jobinfo、#helpjob 添加.panel 类，用表格放置内容，HTML 代码如下：

```html
<div id="main-bottom" class="flexbox">
<section id="resume" class="panel">
<div class="panel-title"><h3>高校毕业生简历专区</h3></div>
<div class="panel-content">
    <table>
        <tr>
            <td><a href="">张同学</a></td><td>四川大学</td><td>本科</td><td
class="em">软件开发</td>
        </tr>
        <tr>
            <td><a href="">王同学</a></td><td>电子科技大学</td><td>硕士</td><td
class="em">游戏开发</td>
        </tr>
        <tr>
```

```
            <td><a href="">李同学</a></td><td>西南交通大学</td><td>本科</td><td
class="em">Web 前端开发</td>
            </tr>
            <tr>
                <td><a href="">孙同学</a></td><td>四川传媒学院</td><td>本科</td><td
class="em">UI 设计</td>
            </tr>
            <tr>
                <td><a href="">韩同学</a></td><td>西华大学</td><td>本科</td><td
class="em">语文教师</td>
            </tr>
            <tr>
                <td><a href="">蔡同学</a></td><td>四川科技职业技术学院</td><td>大专
</td><td class="em">软件测试</td>
            </tr>
        </table>
    </div>
    </section>
    <section id="jobinfo" class="panel">
    <div class="panel-title"><h3>求职信息</h3></div>
    <div class="panel-content">
        <table>
            <!-- 内容相似，不再赘述 -->
        </table>
    </div>
    </section>
    <section id="helpjob" class="panel">
    <div class="panel-title"><h3>就业援助求职者专区</h3></div>
    <div class="panel-content">
        <table>
            <!-- 内容相似，不再赘述 -->
        </table>
    </div>
    </section>
```

在 index.css 文件中添加如下代码：

```
/* 求职简历板块 */
#resume table,
#jobinfo table,
#helpjob table{
 width: 360px;
 height: 180px;
}
#resume table td,
#jobinfo table td,
#helpjob table td{
 font-size: 14px;
 font-weight: 200;
 max-width: 100px;
 /* 内容过长省略 */
 overflow: hidden;
 text-overflow: ellipsis;
```

```
white-space: nowrap;
}
.em{
color:#ff981d;
}
.panel table td>a{
color:#333;
}
```

② 三列选项卡面板板块

剩下三个资讯板块显示效果均为三列选项卡面板，实现效果如图 5-19 所示。

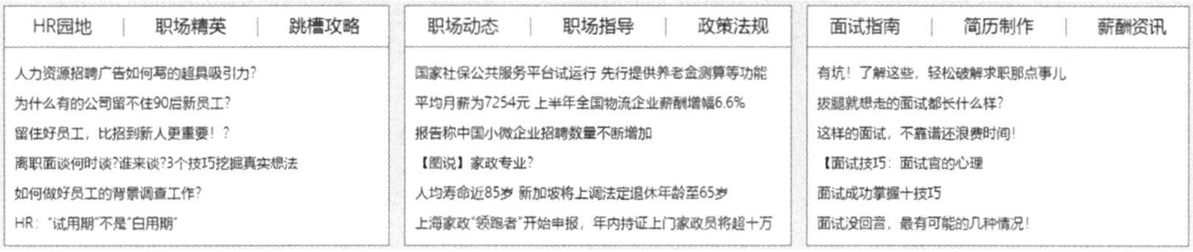

HR园地	职场精英	跳槽攻略
人力资源招聘广告如何写的超具吸引力?		
为什么有的公司留不住90后新员工?		
留住好员工，比招到新人更重要! ?		
离职面谈何时谈?谁来谈?3个技巧挖掘真实想法		
如何做好员工的背景调查工作?		
HR: "试用期"不是"白用期"		

职场动态	职场指导	政策法规
国家社保公共服务平台试运行 先行提供养老金测算等功能		
平均月薪为7254元 上半年全国物流企业薪酬增幅6.6%		
报告称中国小微企业招聘数量不断增加		
【图说】家政专业?		
人均寿命近85岁 新加坡将上调法定退休年龄至65岁		
上海家政"领跑者"开始申报，年内持证上门家政员将超十万		

面试指南	简历制作	薪酬资讯
有坑! 了解这些，轻松破解求职那点事儿		
拔腿就想走的面试都长什么样?		
这样的面试，不靠谱还浪费时间!		
【面试技巧】面试官的心理		
面试成功掌握十技巧		
面试没回音，最有可能的几种情况!		

图 5-19　三列选项面板板块效果

对#career、#policy、#interview 添加.tab2 类，按选项卡标题和选项卡内容两部分编写 HTML 内容，代码如下：

```
<section id="career" class="tab2">
<ul class="tab-title">
    <li class="active"><a href="">HR 园地</a></li>
    <li class="vertical-line">|</li>
    <li><a href="">职场精英</a></li>
    <li class="vertical-line">|</li>
    <li><a href="">跳槽攻略</a></li>
</ul>
<ul class="tab-body">
    <li class="active">
        <ul class="tab-content">
            <li><a href="">人力资源招聘广告如何写的超具吸引力? </a></li>
            <li><a href="">为什么有的公司留不住 90 后新员工? </a></li>
            <li><a href="">留住好员工，比招到新人更重要! ? </a></li>
            <li><a href="">离职面谈何时谈?谁来谈?3 个技巧挖掘真实想法</a></li>
            <li><a href="">如何做好员工的背景调查工作? </a></li>
            <li><a href="">HR："试用期"不是"白用期"</a></li>
        </ul>
    </li>
    <li>
        <ul class="tab-content">
            <li><a href="">平安集团 CHO 蔡方方：平安是如何管理 180 万人的? </a></li>
            <li><a href="">海归为什么"难就业"? </a></li>
            <li><a href="">失聪女大学生创业养鸽子</a></li>
            <li><a href="">青春的匠心唤醒古老文物 90 后"文物修复师"的别样青春
</a></li>
            <li><a href="">"果来果趣"："互联网+水果"有商机</a></li>
            <li><a href="">独家记者探访：与史对话，"古籍医生"的修复之路</a></li>
        </ul>
```

```
        </li>
        <li>
            <ul class="tab-content">
                <li><a href="">跳槽焦虑症，年初拖到年中，一怂再怂</a></li>
                <li><a href="">遭遇"职场空白期"，如何不被 HR 压价？</a></li>
                <li><a href="">可以用跳槽来换加薪，但要注意这四点</a></li>
                <li><a href="">选 offer，除了钱，还能比这些</a></li>
                <li><a href="">对工作失望，可以辞职吗？</a></li>
                <li><a href="">这些不走寻常路的跳槽，给了我裸辞的勇气！</a></li>
            </ul>
        </li>
    </ul>
</section>
<section id="policy" class="tab2">
<ul class="tab-title">
    <li class="active"><a href="">职场动态</a></li>
    <li class="vertical-line">|</li>
    <li><a href="">职场指导</a></li>
    <li class="vertical-line">|</li>
    <li><a href="">政策法规</a></li>
</ul>
<ul class="tab-body">
    <li class="active">
        <ul class="tab-content">
            <!-- 内容相似，不再赘述 -->
        </ul>
    </li>
    <li>
        <ul class="tab-content">
            <!-- 内容相似，不再赘述 -->
        </ul>
    </li>
    <li>
        <ul class="tab-content">
            <!-- 内容相似，不再赘述 -->
        </ul>
    </li>
</ul>
</section>
<section id="interview" class="tab2">
<ul class="tab-title">
    <li class="active"><a href="">面试指南</a></li>
    <li class="vertical-line">|</li>
    <li><a href="">简历制作</a></li>
    <li class="vertical-line">|</li>
    <li><a href="">薪酬资讯</a></li>
</ul>
<ul class="tab-body">
    <!-- 内容相似，不再赘述 -->
</ul>
</section>
```

将选项卡标题设置为行内块级元素并居中显示，在 index.css 文件中添加如下代码：

```css
/* 三列选项卡面板 */
.tab2{
background-color: #fff;
border: 1px solid #B0B0B0;
box-sizing: border-box;
}
.tab2 .tab-title{
height: 40px;
width: 100%;
text-align: center;
border-bottom: 1px solid #B0B0B0;
}
.tab2 .tab-body>li.active{
display: block;
}
.tab2 .tab-title li{
display: inline-block;
height: 40px;
line-height: 40px;
font-size: 18px;
}
.tab2 .tab-title li.vertical-line{
padding: 0 25px;
color:#B0B0B0;
}
.tab2 .tab-title li>a{
color:#333;
}
.tab2 .tab-title li.active>a{
color:#005BAC;
}
.tab2 .tab-content{
font-weight: 200;
font-size: 14px;
padding: 10px;
}
.tab2 .tab-body>li{
display: none;
}
.tab2 .tab-content>li{
line-height: 30px;
/* 内容过长显示省略号 */
overflow: hidden;
text-overflow: ellipsis;
white-space: nowrap;
}
.tab2 .tab-content>li>a{
color: #333;
}
.tab2 .tab-content>li>a:hover{
text-decoration: underline;
}
```

（7）分类网站链接

分类网站链接包括政府网站链接、行业网站链接、媒体网站链接和联盟会员链接四个内容，效果如图 5-20 所示。

图 5-20　分类网站链接效果

添加.flexbox 类，在链接上应用.link-btn 类，尖角使用了字体图标，HTML 代码如下：

```
<div class="links flexbox">
<a   href=""   class="link-btn"> 政 府 网 站 链 接   <i   class="fa
fa-angle-double-right"></i></a>
<a   href=""   class="link-btn"> 行 业 网 站 链 接   <i   class="fa
fa-angle-double-right"></i></a>
<a   href=""   class="link-btn"> 媒 体 网 站 链 接   <i   class="fa
fa-angle-double-right"></i></a>
<a   href=""   class="link-btn"> 联 盟 会 员 链 接   <i   class="fa
fa-angle-double-right"></i></a>
</div>
```

用弹性布局实现链接按钮均匀分布，在 index.css 文件中添加如下代码：

```
.links.flexbox{
justify-content: space-between;
}
/* 分类网站链接 */
.links .link-btn{
width: 280px;
text-align: center;
background-color: #fff;
box-sizing: border-box;
border: 1px solid #B0B0B0;
height: 40px;
line-height: 40px;
color: #333;
}
.links .link-btn:hover{
background-color: rgb(0,157,237);
color: #fff;
}
```

（8）相关网站链接

相关网站链接效果如图 5-21 所示。

四川省就业管理局　　四川省人力资源和社会保障厅　　中国互联网举报中心　　成都市网信办举报中心　　成都市人社局　　四川省社保局　　四川公共招聘网

图 5-21　相关网站链接效果

添加.flexbox 类，在链接上应用.link 类，HTML 代码如下：

```
<div class="links flexbox">
    <a href="" class="link">四川省就业管理局</a>
    <a href="" class="link">四川省人力资源和社会保障厅</a>
    <a href="" class="link">中国互联网举报中心</a>
```

```
                    <a href="" class="link">成都市网信办举报中心</a>
                    <a href="" class="link">成都市人社局</a>
                    <a href="" class="link">四川省社保局</a>
                    <a href="" class="link">四川公共招聘网</a>
              </div>
```

用弹性布局实现链接均匀分布，在 index.css 文件中添加如下代码：

```
/* 相关网站链接 */
.links .link{
font-size: 16px;
line-height: 40px;
color: #333;
}
.links .link:hover{
color: #005bac;
text-decoration: underline;
}
```

5. 页脚

页脚部分要实现的效果如图 5-22 所示。

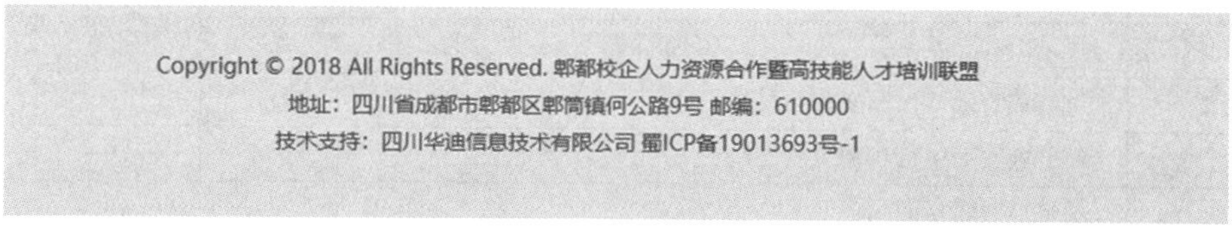

Copyright © 2018 All Rights Reserved. 郫都校企人力资源合作暨高技能人才培训联盟
地址：四川省成都市郫都区郫简镇何公路9号 邮编：610000
技术支持：四川华迪信息技术有限公司 蜀ICP备19013693号-1

图 5-22　页脚效果

页脚内容为版权、地址、技术支持三项内容的文字。编写页脚的 HTML 代码如下：

```
<footer>
<p>Copyright © 2018 All Rights Reserved. 郫都校企人力资源合作暨高技能人才培训联盟</p>
<p>地址：四川省成都市郫都区郫简镇何公路 9 号 邮编：610000</p>
<p>技术支持：四川华迪信息技术有限公司      蜀 ICP 备 19013693 号-1</p>
</footer>
```

设置页脚的高度、颜色等样式，在 index.css 文件中添加如下代码：

```
/* 页脚 */
footer{
height: 120px;
background-color: #e6e6e6;
font-size: 14px;
text-align: center;
padding-top: 30px;
}
footer p{
color:#666;
line-height: 24px;
}
```

工作实施

根据知识准备和工作计划，参考相关案例，完成招聘网站首页的开发制作。
填写如表 5-9 所示的人员分工清单。

表 5-9　人员分工清单表

人员姓名	工作任务	备注

评价反馈

各自完成学习情境的开发并展示作品，介绍任务的完成过程。作品展示前应准备阐述材料，并完成评价表 5-10、表 5-11、表 5-12。

1．学生进行自我评价。

表 5-10　学生自评表

班级：　　　　　　　　姓名：　　　　　　　　学号：

学习情境 7	制作招聘网站首页		
评价项目	评价标准	分值	得分
整体框架	能够完成页面整体框架和布局的搭建	10	
页头、页脚	能够完成页面中页头和页脚的制作	10	
导航栏	能够完成导航栏的制作	10	
视频设置	能够完成页面中视频元素的设置	10	
轮播图	能够结合 CSS 动画属性实现轮播图效果	15	
内容板块	能够完成页面各子板块的开发	25	
小组协调	小组成员能够合理分工、互相配合完成任务	10	
工作质量	根据项目开发过程及成果评定工作质量	10	
合计		100	

2．学生展示过程中，以个人为单位，对以上学习情境的结果进行互评。

表 5-11　学生互评表

学习情境 7		制作招聘网站首页							评价对象			
评价项目	分值	等级							1	2	3	4
计划合理	10	优	10	良	9	中	8	差	6			
方案准确	10	优	10	良	9	中	8	差	6			
工作质量	20	优	20	良	18	中	15	差	12			
工作效率	15	优	15	良	13	中	11	差	9			
工作完整	10	优	10	良	9	中	8	差	6			
工作规范	10	优	10	良	9	中	8	差	6			
识读报告	10	优	10	良	9	中	8	差	6			
成果展示	15	优	15	良	13	中	11	差	9			
合计	100											

3．教师对学生工作过程和工作结果进行评价。

表 5-12 教师综合评定表

班级： 姓名： 学号：

学习情境 7		制作招聘网站首页		
评价项目		评价标准	分值	得分
考勤 (20%)		无无故迟到、早退、旷课现象	20	
工作过程 (50%)	环境管理	能正确、熟练使用 HBuilder 工具管理开发环境	5	
	方案制作	能根据技术能力快速、准确地制订工作方案	5	
	整体框架	能够完成页面整体框架的搭建	5	
	页头、页脚	能够完成页面中页头和页脚的制作	5	
	导航栏	能够完成导航栏的制作	5	
	视频设置	能够完成页面中视频元素的设置	5	
	轮播图	能够结合 CSS 动画属性实现轮播图效果	10	
	内容板块	能够完成页面各子板块的开发	20	
	工作态度	态度端正，工作认真、主动	5	
	职业素质	能做到安全、文明、合法，爱护环境	5	
项目成果 (30%)	工作完整	能按时完成任务	5	
	工作质量	能按计划完成工作任务	15	
	识读报告	能正确识读并准备成果展示各项报告材料	5	
	成果展示	能准确表达、汇报工作成果	5	
合计			100	

拓展思考

1．如果导航栏下设有二级菜单，用 HTML+CSS 技术如何实现二级菜单效果？
2．当网站首页上的内容比较多的时候可以使用哪些合理的设计形式？

5.2 学习情境 8 制作企业网站首页

教学导航

学习情境描述

1．教学情境

本学习情境的任务是制作一个教育培训企业网站的首页，最终效果如图 5-23 所示。在本学习情境中，我们除了要考虑网站首页制作相关内容，如页头、页脚、导航栏、轮播图等，还需要考虑能够使页面变得更加生动、美观的一些动态特效。本学习情境通过将新学的知识技能与前面学习的内容相结合，进行综合运用，从而完成企业网站首页的开发制作。

2．关键知识点

（1）变换属性 transform 的使用方法。

（2）过渡属性 transition 的使用方法。

（3）多列布局样式 column 属性的使用方法。

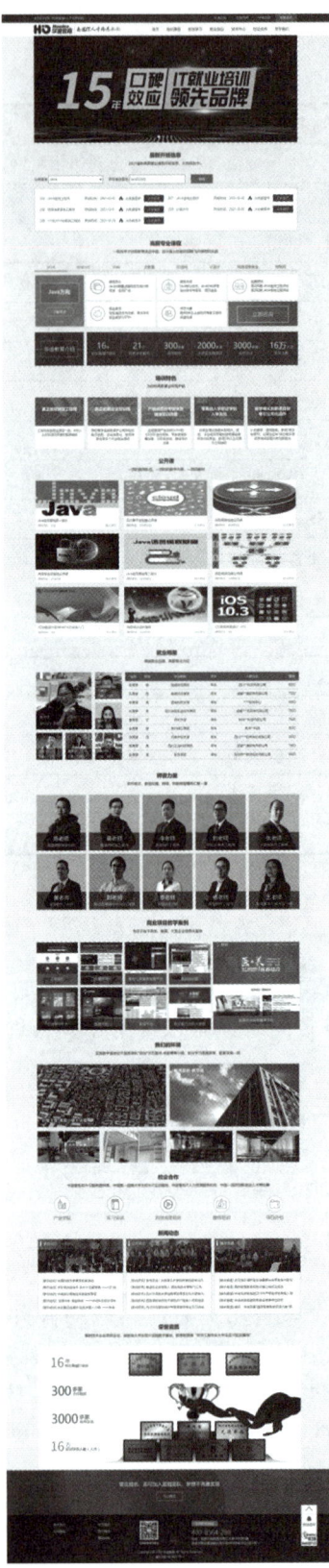

图 5-23　企业网站首页效果图

3．关键技能点

（1）使用 transform 属性实现元素变换效果。

（2）使用 transition 属性在网页中添加过渡效果。

（3）使用 column 属性实现多列显示效果。

学习目标

1．掌握综合运用 HTML5 和 CSS3 实现含有元素变换和过渡效果的聚合型网页的技能。

2．掌握在网页中实现多列显示效果的方法。

任 务 书

1．完成企业网站首页的整体框架设计。

2．实现企业网站首页的页头、页脚效果。

3．完成企业网站首页的导航栏设计。

4．实现企业网站首页的轮播图效果。

5．完成企业网站首页的各子板块设计。

6．添加动效美化企业网站首页。

获取信息

引导问题：

1．可以用于布局的 CSS 属性有哪些？

_____

_____

2．网页中哪些动效可以由 CSS 实现？

_____

_____

工作计划

1．制订工作方案（见表 5-13）

表 5-13　工作方案

步骤	工作内容

2．设计出此页面的功能

3．列出工具清单（见表 5-14）

表 5-14　工具清单

序号	名称	版本	备注

4．列出技术清单（见表 5-15）

表 5-15　技术清单

序号	名称	版本	备注

进行决策

1．根据引导、构思、计划等，各自阐述自己的设计方案。

2．对其他人的设计方案提出自己不同的看法。

3．教师结合大家完成的情况进行点评，选出最佳方案，并写出最佳方案。

知识准备

"制作企业网站首页"知识分布网络，如图 5-24 所示。

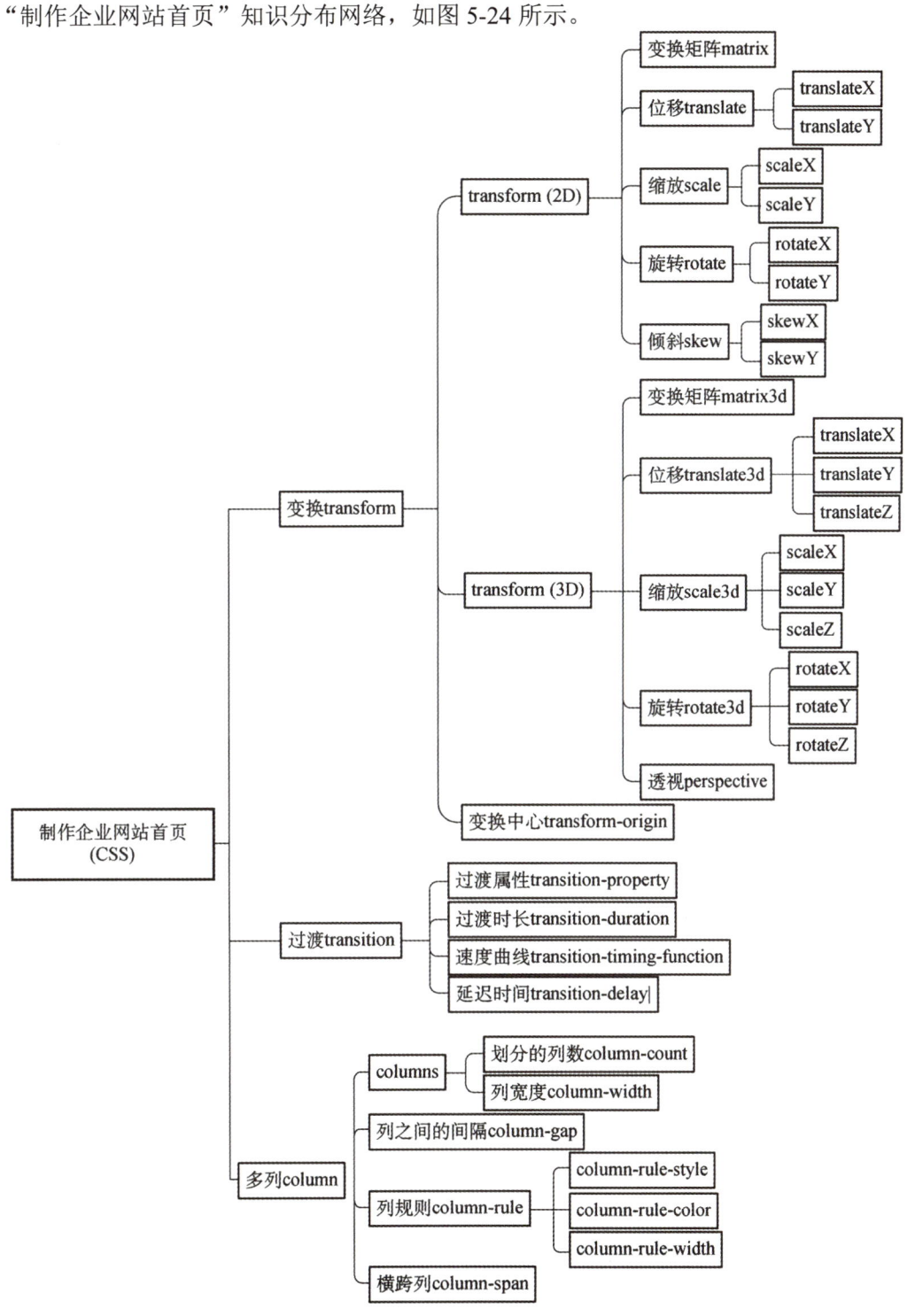

图 5-24　"制作企业网站首页"知识分布网络

5.2.1 CSS 变换属性 transform

transform 用于设置元素的变换，可以将元素进行旋转、缩放、移动、倾斜等。transform 属性说明如表 5-16 所示。

语法：transform: transform-functions;

transform、transition 属性

表 5-16 transform 属性说明

值	描述
none	不进行转换
matrix(n,n,n,n,n,n)	定义 2D 转换，使用 6 个值的矩阵
matrix3d(n,n,n,n,n,n,n,n,n,n,n,n,n,n,n,n)	定义 3D 转换，使用 16 个值的 4×4 矩阵
translate(x,y)	定义 2D 位移变换
translate3d(x,y,z)	定义 3D 位移变换
translateX(x)	定义 X 轴方向的位移变换
translateY(y)	定义 Y 轴方向的位移变换
translateZ(z)	定义 3D 变换中 Z 轴方向的位移变换
scale(x[,y])	定义 2D 缩放转换
scale3d(x,y,z)	定义 3D 缩放转换
scaleX(x)	定义 X 轴方向的缩放
scaleY(y)	定义 Y 轴方向的缩放
scaleZ(z)	定义 3D 变换中 Z 轴方向的缩放
rotate(angle)	定义 2D 旋转，在参数中规定角度
rotate3d(x,y,z,angle)	定义 3D 旋转
rotateX(angle)	定义沿着 X 轴的 3D 旋转
rotateY(angle)	定义沿着 Y 轴的 3D 旋转
rotateZ(angle)	定义沿着 Z 轴的 3D 旋转
skew(x-angle,y-angle)	定义沿着 X 和 Y 轴的 2D 倾斜
skewX(angle)	定义沿着 X 轴的 2D 倾斜
skewY(angle)	定义沿着 Y 轴的 2D 倾斜
perspective(n)	为 3D 转换元素定义透视视图

示例：

```
div{
transform: translate(10px,100px) scale(1,0.5) rotate(15deg);
}
```

设置 transform-origin 属性可以改变变换的中心点。transform-origin 属性说明如表 5-17 所示。

语法：transform-origin: x-axis y-axis z-axis;

表 5-17　transform-origin 属性说明

值	描述
x-axis	定义中心点位于 *X* 轴的何处 合法值： left center right length %
y-axis	定义中心点位于 *Y* 轴的何处 合法值： top center bottom length %
z-axis	定义中心点位于 *Z* 轴的何处 合法值：length

示例：

```
div{
 transform: rotate(45deg);
transform-origin:20% 40%;
}
```

5.2.2　CSS 过渡属性 transition

transition 用于设置元素从一个状态到另一个状态的过渡效果，可以为其设置 4 个属性。transition 属性说明如表 5-18 所示。其中，必须指定 transition-duration 属性，否则持续时间为 0，transition 不会有任何效果。

语法：transition: property duration timing-function delay;

表 5-18　transition 属性说明

值	描述
transition-property	规定设置过渡效果的 CSS 属性的名称
transition-duration	规定完成过渡效果需要多少秒或毫秒
transition-timing-function	规定过渡效果的速度曲线
transition-delay	规定过渡效果等待多少秒或毫秒后开始

示例：

```
div{
width:100px;
height:100px;
background:red;
transition:width 2s;
}
div:hover {
width: 300px;
}
```

5.2.3　CSS 多列属性 Column

　　CSS3 新增了一种多列的排版模式，可以非常方便地实现分栏效果，相关的属性如表 5-19 所示。

表 5-19　多列相关属性说明

属性	描述
column-count	设置元素被分隔的列数
column-width	设置列的宽度
columns	column-count 和 column-width 的合并写法
column-gap	设置列之间的间隔
column-rule-style	设置列之间间隔的样式 合法值： none 无 hidden 隐藏 dotted 点线 dashed 虚线 solid 实线 double 双线 groove 3D 凹槽线 ridge 3D 凸槽线 inset 内嵌线 outset 外嵌线
column-rule-color	设置列之间间隔的颜色
column-rule-width	设置列之间间隔的宽度
column-rule	column-rule-style、column-rule-color 和 column-rule-width 的合并写法
column-span	设置元素横跨的列数 合法值：1、all

　　示例：

```
.newspaper {
  column-count: 3;
  column-gap: 40px;
  column-rule: 1px solid lightblue;
}
```

相关案例

1.　页面整体布局

　　此页面为多行布局的形式，包含页头、导航、内容各板块、页脚等区域，其中内容部分区域含有多列布局，整体结构如图 5-25 所示。

制作企业网站首页

　　根据内容结构，编写 HTML 文件 index.html，引入字体图标样式文件（需先下载 font-awesome 字体图标或使用在线资源），创建并引入通用样式文件 base.css、动画样式文件 animation.css、复用组件样式文件 common.css 和首页样式文件 index.css。

　　index.html 文件的代码如下：

顶部	
logo及导航	
轮播	
开班信息查询	
高薪专业课程	
华迪教育介绍	
培训特色	
公开课	
就业明星	
师资力量	
商业项目教学案例	
环境	
校企合作	
新闻动态	
报名	悬浮边栏
页脚	

图 5-25　页面整体布局

```
<!DOCTYPE html>
<html>
 <head>
     <meta charset="utf-8">
     <title>首页 - 华迪教育</title>
     <link rel="stylesheet" type="text/css" href="font/css/font-awesome.css"/>
     <link rel="stylesheet" type="text/css" href="css/base.css"/>
     <link rel="stylesheet" type="text/css" href="css/animation.css"/>
     <link rel="stylesheet" type="text/css" href="css/common.css"/>
     <link rel="stylesheet" type="text/css" href="css/index.css"/>
 </head>
<body>
    <!-- 页头 -->
    <header>
        <div id="top">顶部</div>
        <div id="heading">logo 及导航</div>
    </header>
    <!-- 轮播 -->
    <div class="carousel">轮播</div>
    <!-- 内容 -->
    <div id="content">
        <section id="kaiban">开班信息查询</section>
        <section id="course">高薪专业课程</section>
        <div id="intro">华迪教育介绍</div>
```

```html
        <section id="feature">培训特色</section>
        <section id="open-class">公开课</section>
        <section id="employ">就业明星</section>
        <section id="teacher">师资力量</section>
        <section id="proj">商业项目教学案例</section>
        <section id="environment">环境</section>
        <section id="cooperation">校企合作</section>
        <section id="news">新闻动态</section>
    </div>
    <!-- 报名 -->
    <div id="sign-up">报名</div>
    <!-- 悬浮边栏 -->
    <ul id="side-bar">悬浮边栏</ul>
    <!-- 页脚 -->
    <footer>页脚</footer>
</body>
</html>
```

base.css 文件主要编写通用的样式设置，代码如下：

```css
*{
margin: 0;
padding: 0;
font-family: "微软雅黑";
font-weight: 200;
}
a{
text-decoration: none;
}
ul,li{
list-style: none;
}
.left{
float: left;
}
.right{
float: right;
}
.clearfix:after{
content: '';
display: block;
height: 0;
clear: both;
}
.hide{
display: none;
}
.ellipsis{
overflow: hidden;
text-overflow: ellipsis;
white-space: nowrap;
}
```

在 index.css 中写入网页背景色样式，代码如下：

```
body{
background-color: rgb(245,245,245);
}
```

2．页头

页头部分要实现的效果如图 5-26 所示。

图 5-26　页头效果

页头分为上下两个部分，上部分是顶栏，下部分是 logo 和导航，利用浮动合理分布各元素。编写页头的 HTML 代码如下：

```
<!-- 页头 -->
<header>
    <!-- 顶部 -->
    <div id="top">
        <div class="htop clearfix">
            <div class="left">欢迎访问四川华迪高端 it 人才培养机构！</div>
            <div class="right">
                <a href="http://www.yundeeonline.com/index">云迪在线</a>
                <a href="http://www.3ucall.com">云创空间</a>
                <a href="http://www.hwadee.com">华迪信息</a>
                <a id="go-signup" href="">我要报名</a>
            </div>
        </div>
    </div>

    <div id="heading">
        <div class="hbottom clearfix">
            <div class="left">
                <a href="http://www.hwadee.cn" class="logo">
                    <img src="img/logo.png" alt="华迪教育">
                </a>
            </div>
            <!-- 导航 -->
            <nav class="right">
                <ul>
                    <li class="active"><a href="">首页</a></li>
                    <li><a href="">培训课程</a></li>
                    <li><a href="">在线学习</a></li>
                    <li><a href="">就业创业</a></li>
                    <li><a href="">技术中心</a></li>
                    <li><a href="">校企合作</a></li>
                    <li><a href="">关于我们</a></li>
                </ul>
            </nav>
        </div>
    </div>
</header>
```

利用浮动实现左右布局，利用行内块级元素的特性排列导航栏元素。头部的内容在网站多个页面中出现，因此在复用组件样式文件 common.css 中编写页头的样式代码如下：

```css
/* 页头 */
/* 顶部 */
#top{
background-color: #373d41;
height: 40px;
}
.htop{
width: 1200px;
margin: 0 auto;
height: 40px;
line-height: 40px;
color:#fff;
font-size: 14px;
}
.htop .right a{
color: #fff;
padding: 0 20px;
}
#go-signup{
background-color: #0082ff;
line-height: 40px;
display: inline-block;
}
/* logo */
#heading{
background-color: #fff;
}
.hbottom{
width: 1200px;
margin: 0 auto;
height: 60px;
}
.hbottom .logo{
display: block;
height: 60px;
}
.hbottom .logo>img{
height: 40px;
margin-top: 10px;
}
/* 导航 */
.hbottom nav{
margin-right: 20px;
}
.hbottom nav li{
display: inline-block;
padding: 0 15px;
line-height: 60px;
}
.hbottom nav li>a{
```

```
color:#333;
}
.hbottom nav li.active>a{
color: #0082ff;
}
```

3. 轮播栏

与学习情境 7 中提到的轮播图板块实现方法类似，利用 CSS3 动画可以实现轮播栏播放效果，轮播栏的效果如图 5-27 所示。

图 5-27　轮播栏效果

轮播栏分为图片和指示器两个部分，每个部分用一个无序列表放置（其中圆点需要多一个特殊的"当前点"），HTML 代码如下：

```
<div class="carousel">
    <ul class="carousel-pic clearfix">
        <li class="active" style="background-image:url(img/pic1.jpg);">
</li>
        <li style="background-image:url(img/pic2.jpg);"></li>
        <li style="background-image:url(img/pic3.jpg);"></li>
        <li style="background-image:url(img/pic4.jpg);"></li>
    </ul>
    <div class="carousel-dot">
        <ul class="clearfix">
            <li class="active"></li>
            <li></li>
            <li></li>
            <li></li>
        </ul>
    </div>
</div>
```

利用 transform: translateX()水平平移进行关键帧设置。将设置动画关键帧规则的样式写入 animation.css 文件中，代码如下：

```
/* 轮播图片动画 */
@keyframes ani-carousel-pic{
0%{
    transform: translateX(0);
}
23%{
    transform: translateX(0);
```

```
    }
    25%{
        transform: translateX(-1200px);
    }
    48%{
        transform: translateX(-1200px);
    }
    50%{
        transform: translateX(-2400px);
    }
    73%{
        transform: translateX(-2400px);
    }
    75%{
        transform: translateX(-3600px);
    }
    98%{
        transform: translateX(-3600px);
    }
    100%{
        transform: translateX(0);
    }
}
/* 轮播指示点动画 */
@keyframes ani-carousel-dot{
    0%{
        transform: translateX(-80px);
    }
    25%{
        transform: translateX(-60px);
    }
    50%{
        transform: translateX(-40px);
    }
    75%{
        transform: translateX(-20px);
    }
    100%{
        transform: translateX(-80px);
    }
}
```

使用浮动将图片和圆点横向排列，利用绝对定位放置内容，用 linear 线性速度曲线播放轮播图片切换滑动效果，用 steps(1,end)的速度曲线逐帧播放圆点切换动画。在 index.css 中添加如下代码：

```
/* 轮播 */
.carousel{
width: 1200px;
height: 480px;
margin: 0 auto;
overflow: hidden;
position: relative;
```

```
}
.carousel-pic{
width: 4800px;
height: 480px;
animation: ani-carousel-pic 12s linear infinite;
}
.carousel-pic>li{
width: 1200px;
height: 480px;
background-repeat: no-repeat;
background-position: center center;
background-size: cover;
float: left;
}
.carousel-dot{
position: absolute;
width: 80px;
bottom: 20px;
left: 50%;
transform: translateX(-40px);
overflow: hidden;
}
.carousel-dot ul{
width: 100px;
}
.carousel-dot li{
width: 12px;
height: 12px;
border-radius: 50%;
background-color: rgba(255,255,255,0.5);
margin: 0 4px;
float: right;
}
.carousel-dot li.active{
background-color: #fff;
animation: ani-carousel-dot 12s steps(1,end) infinite;
}
```

4. 内容板块

内容板块的内容较多，我们按照视觉上从上到下的顺序依次实现。

首先设置内容板块的宽度及居中效果，以及标题和说明的基本样式。在 index.css 文件中添加如下代码：

```
/* 内容区域 */
.content{
width: 1200px;
margin: 0 auto;
}
.content>section>h1,
.content>section>h2,
.content>section>h3,
.content>section>h4{
```

```
text-align: center;
}
.content>section{
margin-top: 40px;
}
.content>section>h1,
.content>section>h2{
font-weight: bold;
font-size: 24px;
margin-bottom: 12px;
color: rgb(85, 85, 85);
}
.content>section>h4{
font-size: 16px;
color: rgb(85, 85, 85);
margin-bottom: 40px;
font-weight: normal;
}
```

（1）开班信息板块

开班信息板块由表单和列表组成，效果如图 5-28 所示。

图 5-28　开班信息板块效果

使用下拉框、输入框、按钮等表单元素完善查询表单，使用列表编写查询结果，HTML 代码如下：

```
<!-- 开班信息查询 -->
<section id="kaiban">
    <h2>最新开班信息</h2>
    <h4>2021 最新高薪就业课程开班信息，火热报名中...</h4>
    <form action="">
        <div class="control-group control-group-inline">
            <label>分类查询</label>
            <select>
                <option value="1">JAVA</option>
                <option value="2">Android</option>
                <option value="3">Web</option>
                <option value="4">大数据</option>
                <option value="5">3D 游戏</option>
                <option value="6">UI 设计</option>
                <option value="7">网络信息安全</option>
                <option value="8">物联网</option>
            </select>
        </div>
```

```
            <div class="control-group control-group-inline">
                <label>开班信息查询</label>
                <input type="text" placeholder="JavaEE 方向">
            </div>
            <button id="query" class="btn">查询</button>
        </form>
        <div id="search-result">
            <ul class="clearfix">
                <li class="result-item clearfix">
                    <div class="id">226</div>
                    <div class="name ellipsis">JAVA 全栈工程师</div>
                    <div class="time">
                        开班时间：2021-10-10
                    </div>
                    <div class="decoration">
                        <img src="img/fire.png" alt="">
                        火热报名中
                    </div>
                    <div class="signup">正在报名</div>
                </li>
                <li class="result-item clearfix">
                    <div class="id">227</div>
                    <div class="name ellipsis">JAVA 全栈工程师</div>
                    <div class="time">
                        开班时间：2021-10-20
                    </div>
                    <div class="decoration">
                        <img src="img/fire.png" alt="">
                        火热报名中
                    </div>
                    <div class="signup">正在报名</div>
                </li>
                <li class="result-item clearfix">
                    <div class="id">228</div>
                    <div class="name ellipsis">网络信息安全工程师</div>
                    <div class="time">
                        开班时间：2021-10-11
                    </div>
                    <div class="decoration">
                        <img src="img/fire.png" alt="">
                        火热报名中
                    </div>
                    <div class="signup">正在报名</div>
                </li>
                <li class="result-item clearfix">
                    <div class="id">228</div>
                    <div class="name ellipsis">UI 设计师</div>
                    <div class="time">
                        开班时间：2021-10-30
                    </div>
                    <div class="decoration">
                        <img src="img/fire.png" alt="">
                        火热报名中
                    </div>
                    <div class="signup">正在报名</div>
                </li>
                <li class="result-item clearfix">
```

```
                                <div class="id">229</div>
                                <div class="name ellipsis">HTML5/Web 前端工程师</div>
                                <div class="time">
                                    开班时间：2021-10-25
                                </div>
                                <div class="decoration">
                                    <img src="img/fire.png" alt="">
                                    火热报名中
                                </div>
                                <div class="signup">正在报名</div>
                            </li>
                        </ul>
                    </div>
                </section>
```

设置表单元素为行内块级元素并排显示表单框，用浮动实现两列展现查询结果条目，在 index.css 文件中添加如下代码：

```css
/* 开班信息查询 */
.control-group-inline{
display: inline-block;
font-size: 15px;
margin-right: 20px;
}
.control-group>label{
color: ##4d4d4d;
}
.control-group>select,
.control-group>input{
width: 250px;
height: 36px;
font-size: 14px;
padding-left: 4px;
}
#query{
width: 100px;
height: 40px;
background-color: rgb(52, 152, 219);
border: none;
color: #fff;
font-size: 14px;
font-weight: normal;
}
#query.btn:hover{
cursor: pointer;
background-color: #5dade2;
}
#search-result{
padding: 20px 10px;
margin-top: 20px;
border: 1px solid #cdcdcd;
color: rgb(85, 85, 85);
font-size: 14px;
background-color: #fff;
box-sizing: border-box;
width: 1200px;
}
#search-result .result-item{
```

```
  width: 50%;
  float: left;
  line-height: 30px;
  height: 30px;
  padding: 10px 0;
}
#search-result .result-item>div{
  line-height: 30px;
  height: 30px;
  float: left;
}
#search-result .result-item .id{
  width: 50px;
  text-align: center;
}
#search-result .result-item .name{
  width: 170px;
}
#search-result .result-item .time{
  width: 150px;
}
#search-result .result-item .decoration{
  width: 120px;
}
#search-result .result-item .decoration>img{
  height: 30px;
  vertical-align: middle;
}
#search-result .result-item .signup{
  width: 90px;
  background-color: rgb(212,59,28);
  color: #fff;
  text-align: center;
  cursor: pointer;
}
```

（2）专业课程板块

专业课程板块用选项卡+表格的形式介绍课程特点，效果如图 5-29 所示。

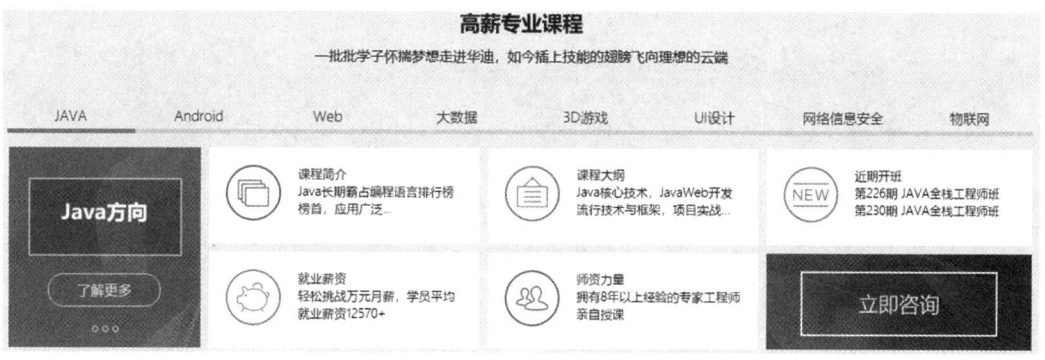

图 5-29　专业课程板块效果

用列表组成选项卡标题，用表格放置课程特点卡片（左侧第一个卡片横跨 2 行）。修改后的 HTML 代码如下：

```
<!-- 高薪专业课程 -->
```

```html
<section id="course">
<h2>高薪专业课程</h2>
<h4>一批批学子怀揣梦想走进华迪，如今插上技能的翅膀飞向理想的云端</h4>
<div class="tab">
    <div class="tab-title">
        <ul>
            <li class="active">JAVA</li>
            <li>Android</li>
            <li>Web</li>
            <li>大数据</li>
            <li>3D 游戏</li>
            <li>UI 设计</li>
            <li>网络信息安全</li>
            <li>物联网</li>
        </ul>
    </div>
    <div class="tab-content">
        <table>
            <tr>
                <td rowspan="2">
                    <div id="javaclass">
                        <a class="title" href="">Java 方向</a>
                        <a class="btn-pill" href="">了解更多</a>
                    </div>
                </td>
                <td>
                    <div class="card clearfix">
                        <div class="left">
                            <img src="img/icon-kcjj.png" >
                        </div>
                        <div class="right">
                            <h5>课程简介</h5>
                            <p>Java 长期霸占编程语言排行榜榜首，应用广泛... </p>
                        </div>
                    </div>
                </td>
                <td>
                    <div class="card clearfix">
                        <div class="left">
                            <img src="img/icon-kcdg.png" >
                        </div>
                        <div class="right">
                            <h5>课程大纲</h5>
                            <p>Java 核心技术，JavaWeb 开发<br>
                            流行技术与框架，项目实战...</p>
                        </div>
                    </div>
                </td>
                <td>
                    <div class="card clearfix">
                        <div class="left">
                            <img src="img/icon-jqkb.png" >
                        </div>
```

```
                        <div class="right">
                            <h5>近期开班</h5>
                            <p>第 226 期 JAVA 全栈工程师班<br>
                            第 230 期 JAVA 全栈工程师班</p>
                        </div>
                    </div>
                </td>
            </tr>
            <tr>
                <td>
                    <div class="card clearfix">
                        <div class="left">
                            <img src="img/icon-jyxz.png" >
                        </div>
                        <div class="right">
                            <h5>就业薪资</h5>
                            <p>轻松挑战万元月薪，学员平均就业薪资 12570+</p>
                        </div>
                    </div>
                </td>
                <td>
                    <div class="card clearfix">
                        <div class="left">
                            <img src="img/icon-szll.png" >
                        </div>
                        <div class="right">
                            <h5>师资力量</h5>
                            <p>拥有 8 年以上经验的专家工程师亲自授课</p>
                        </div>
                    </div>
                </td>
                <td>
                    <div id="consult" class="card">
                        <a href="">立即咨询</a>
                    </div>
                </td>
            </tr>
        </table>
    </div>
  </div>
</section>
```

卡片的宽高需要仔细计算。行内块级元素之间会自动产生间隙，解决方案是在 ul 元素上将字号设置为 0，再在具体显示文字的元素上设置正确的字号大小。在 index.css 中添加如下代码：

```
/* 高薪专业课程 */
.tab-title{
border-bottom: 5px solid #e5e5e5;
margin-bottom: 10px;
width: 1200px;
height: 40px;
box-sizing: border-box;
}
```

```css
.tab-title>ul{
font-size: 0;
}
.tab-title>ul>li{
display: inline-block;
width: 150px;
font-size: 16px;
text-align: center;
line-height: 40px;
height: 40px;
color: rgb(85, 85, 85);
box-sizing: border-box;
}
.tab-title .active{
border-bottom: 5px solid rgb(27,217,223);
}
#javaclass{
height: 230px;
background-image: url(../img/javaclass.png);
background-position: center;
background-size: cover;
margin-right: 4px;
}
#javaclass .title{
color: #FFFFFF;
font-size: 24px;
font-weight: bold;
display: block;
padding-top: 58px;
height: 130px;
margin-bottom: 15px;
text-align: center;
width: 225px;
box-sizing: border-box;
}
#javaclass .btn-pill{
font-size: 16px;
border: 1px solid #fff;
display: block;
width: 130px;
line-height: 36px;
margin: 0 auto;
border-radius: 18px;
text-align: center;
color: #fff;
}
.card{
background-color: #fff;
width: 314px;
height: 110px;
box-sizing: border-box;
padding: 20px;
margin: 4px;
```

```
border: none;
}
.card h5,
.card p{
font-size: 14px;
line-height: 20px;
}
.card .right{
width: 190px;
}
#consult{
background-image: url(../img/ljzx.png);
background-size: cover;
background-position: center;
}
#consult>a{
font-size: 24px;
display: block;
border: 2px solid #FFFFFF;
width: 230px;
height: 70px;
line-height: 70px;
margin: 0 auto;
text-align: center;
color: #fff;
}
```

（3）介绍板块

介绍板块主要展现一些特点数据，效果如图 5-30 所示。

图 5-30　介绍板块效果

此板块分为左右两大部分，可用浮动实现，修改后的 HTML 代码如下：

```html
<!-- 华迪教育介绍 -->
<div id="intro" class="clearfix">
<div class="left">
    <img src="img/intro.jpg" alt="">
</div>
<div class="right">
    <div class="number-card">
        <h5><span class="yellow">16</span><span class="small">年</span></h5>
        <p>专注高端 IT 培训</p>
    </div>
    <div class="number-card">
        <h5>21<span class="small">个</span></h5>
        <p>业务涉及省市</p>
    </div>
    <div class="number-card">
        <h5>300<span class="small">多家</span></h5>
```

```
            <p>合作院校</p>
        </div>
        <div class="number-card">
            <h5>2000<span class="small">多家</span></h5>
            <p>大学生实践项目</p>
        </div>
        <div class="number-card">
            <h5>3000<span class="small">多家</span></h5>
            <p>合作企业</p>
        </div>
        <div class="number-card">
            <h5>16 万<span class="small">人次</span></h5>
            <p>实训人数</p>
        </div>
    </div>
</div>
```

右侧均分的显示内容可利用多列布局样式实现，在 index.css 中添加如下代码：

```css
/* 华迪教育介绍 */
#intro{
margin-top: 20px;
}
#intro>.left{
width: 225px;
height: 150px;
}
#intro>.left>img{
width: 225px;
height: 150px;
}
#intro .right{
width: 960px;
column-count: 6;
column-rule:solid 2px #569ce3;
padding: 40px 0;
background-image: url(../img/intro_bg.png);
background-position: center;
background-size: cover;
}
.number-card{
height: 70px;
text-align: center;
}
.number-card>h5{
font-size: 36px;
height: 40px;
line-height: 40px;
color: #FFF;
font-weight: normal;
}
.number-card .yellow{
font-weight: normal;
color: yellow;
}
.number-card .small,
.number-card p{
color: #fff;
```

```
font-size: 16px;
height: 30px;
line-height: 30px;
}
```

（4）培训特色板块

该板块主要内容的展现形式为多列卡片，效果如图 5-31 所示。

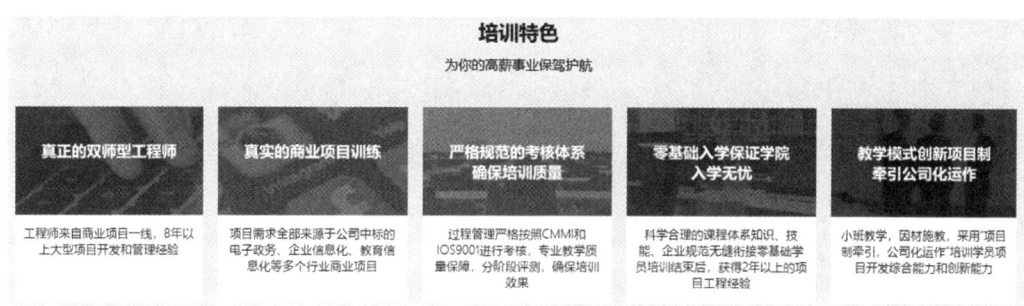

图 5-31　培训特色板块效果

使用语义结构中的 figure 和 figcaption 标签设置图片及其说明，用 h4 设置标题，HTML 代码如下：

```
<section id="feature">
<h2>培训特色</h2>
<h4>为你的高薪事业保驾护航</h4>
<div class="container">
    <figure>
        <h4 style="background-image: url(img/ts1.png);">真正的双师型工程师</h4>
        <figcaption>工程师来自商业项目一线，8 年以上大型项目开发和管理经验
</figcaption>
    </figure>
    <figure>
        <h4 style="background-image: url(img/ts2.png);">真实的商业项目训练</h4>
        <figcaption>项目需求全部来源于公司中标的电子政务、企业信息化、教育信息化等多个
行业商业项目</figcaption>
    </figure>
    <figure>
        <h4 style="background-image: url(img/ts3.png);">严格规范的考核体系确保培
训质量</h4>
        <figcaption>过程管理严格按照 CMMI 和 IOS9001 进行考核，专业教学质量保障，分阶段
评测，确保培训效果</figcaption>
    </figure>
    <figure>
        <h4 style="background-image: url(img/ts4.png);">零基础入学保证学院入学无
忧</h4>
        <figcaption>科学合理的课程体系知识、技能、企业规范无缝衔接零基础学员培训结束后，
获得 2 年以上的项目工程经验</figcaption>
    </figure>
    <figure>
        <h4 style="background-image: url(img/ts5.png);">教学模式创新项目制牵引公
司化运作</h4>
        <figcaption>小班教学，因材施教，采用"项目制牵引，公司化运作"培训学员项目开发
综合能力和创新能力</figcaption>
    </figure>
</div>
</section>
```

继续使用多列布局实现均分显示效果，在 index.css 中添加如下代码：

```
/* 培训特色 */
#feature .container{
 column-count: 5;
}
#feature figure{
 width: 225px;
 height: 230px;
 background-color: #fff;
 color: #333;
 font-size: 14px;
 text-align: center;
}
#feature figure h4{
 background-position: center;
 background-size: cover;
 height: 130px;
 text-align: center;
 font-size: 18px;
 color: #fff;
 padding:40px 30px;
 box-sizing: border-box;
 font-weight: bold;
}
#feature figure figcaption{
 padding: 10px;
}
```

（5）公开课板块

该板块显示的是课程信息卡片，呈网格状布局，效果如图 5-32 所示。

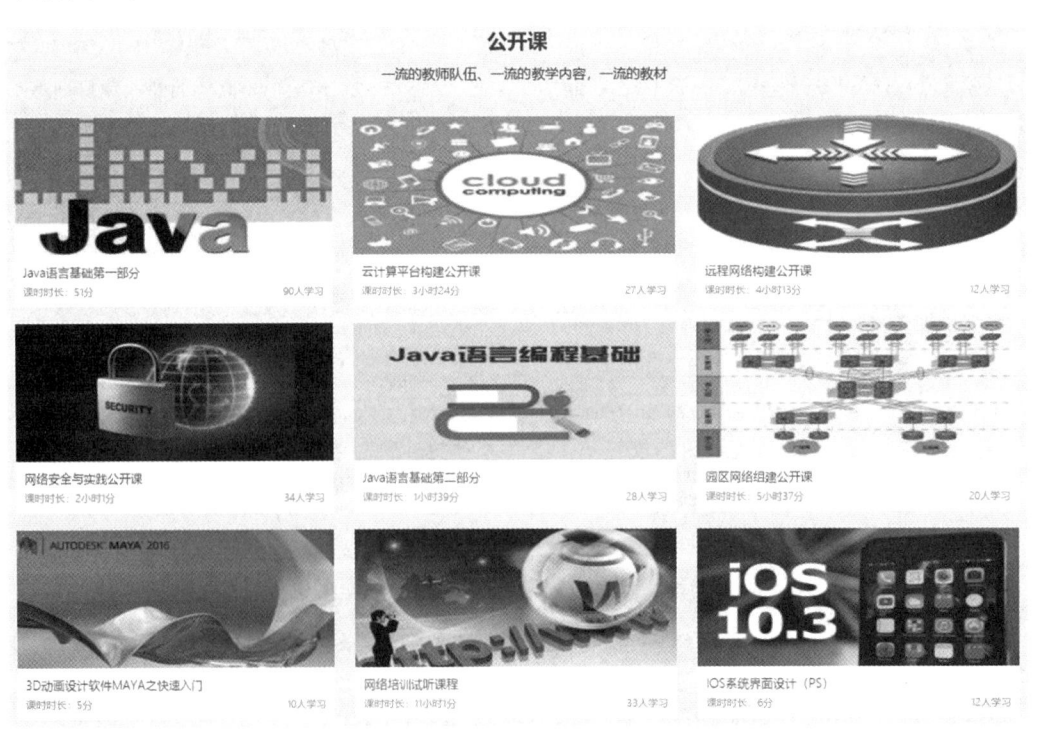

图 5-32　公开课板块效果

合理组织内容，HTML 代码如下：

```
<!-- 公开课 -->
<section id="open-class">
<h2>公开课</h2>
<h4>一流的教师队伍、一流的教学内容，一流的教材</h4>
<div class="container">
    <div class="inner-box">
        <img src="img/java1.jpg">
        <div class="course-name">Java 语言基础第一部分</div>
        <div class="course-des">课时时长：51 分</div>
        <div class="course-view">90 人学习</div>
    </div>
    <div class="inner-box">
        <img src="img/networksafe.jpg">
        <div class="course-name">网络安全与实践公开课</div>
        <div class="course-des">课时时长：2 小时 1 分</div>
        <div class="course-view">34 人学习</div>
    </div>
    <div class="inner-box">
        <img src="img/maya.jpg">
        <div class="course-name">3D 动画设计软件 MAYA 之快速入门</div>
        <div class="course-des">课时时长：5 分</div>
        <div class="course-view">10 人学习</div>
    </div>
    <div class="inner-box">
        <img src="img/cloud.jpg" >
        <div class="course-name">云计算平台构建公开课</div>
        <div class="course-des">课时时长：3 小时 24 分</div>
        <div class="course-view">27 人学习</div>
    </div>
    <div class="inner-box">
        <img src="img/java2.jpg" >
        <div class="course-name">Java 语言基础第二部分</div>
        <div class="course-des">课时时长：1 小时 39 分</div>
        <div class="course-view">28 人学习</div>
    </div>
    <div class="inner-box">
        <img src="img/networktest.jpg" >
        <div class="course-name">网络培训试听课程</div>
        <div class="course-des">课时时长：11 小时 1 分</div>
        <div class="course-view">33 人学习</div>
    </div>
    <div class="inner-box">
        <img src="img/remotenetwork.jpg" >
        <div class="course-name">远程网络构建公开课</div>
        <div class="course-des">课时时长：4 小时 13 分</div>
        <div class="course-view">12 人学习</div>
    </div>
    <div class="inner-box">
        <img src="img/networkbuild.jpg">
        <div class="course-name">园区网络组建公开课</div>
        <div class="course-des">课时时长：5 小时 37 分</div>
```

```
                <div class="course-view">20 人学习</div>
            </div>
            <div class="inner-box">
                <img src="img/ios.jpg" >
                <div class="course-name">IOS 系统界面设计（PS）</div>
                <div class="course-des">课时时长：6 分</div>
                <div class="course-view">12 人学习</div>
            </div>
        </div>
    </section>
```

网格展示效果可以通过多列布局实现，卡片内的局部信息利用浮动效果实现，在 index.css
中添加如下代码：

```
/* 公开课 */
#open-class .container{
 column-count: 3;
}
#open-class .inner-box{
 width: 380px;
 height: 220px;
 background-color: #fff;
 margin-bottom: 20px;
}
#open-class .inner-box::after{
 content: '';
 display: block;
 height: 0;
 clear: both;
}
#open-class .inner-box:hover{
 cursor: pointer;
 box-shadow: 0px 0px 10px #999;;
}
#open-class .inner-box img{
 width: 380px;
 height: 160px;
}
#open-class .course-name{
 line-height: 30px;
 margin-left: 10px;
 color: rgb(85,85,85);
 font-size: 14px;
}
#open-class .course-des{
 color: #aaa;
 font-size: 12px;
 float: left;
 margin-left: 10px;
}
#open-class .course-view{
 color: #aaa;
 font-size: 12px;
```

```
float: right;
margin-right: 10px;
}
```

（6）就业明星板块

该板块主要内容有左侧的图片展示网格和右侧的列表信息，实现效果如图 5-33 所示。

图 5-33   就业明星板块效果

用列表组织左侧图片等信息内容，用表格组织右侧信息内容，HTML 代码如下：

```
<section id="employ">
<h2>就业明星</h2>
<h4>高端就业品牌，高薪就业为证</h4>
<div class="clearfix">
    <div id="stars-pic" class="left">
        <ul class="top clearfix">
            <li class="left big">
                <img src="img/htx.jpg" >
                <div class="mx-content clearfix">
                    <p class="mx-name left">黄同学</p>
                    <p class="mx-salary right">月薪：9500</p>
                    <p class="mx-company"><br>深圳凯文*国际</p>
                </div>
            </li>
            <li class="right small">
                <img src="img/wtx.jpg" >
                <div class="mx-content">
                    <p class="mx-name">王同学</p>
                    <p class="mx-salary">月薪：7500</p>
                </div>
            </li>
            <li class="right small">
                <img src="img/ltx.jpg" >
                <div class="mx-content">
                    <p class="mx-name">廖同学</p>
                    <p class="mx-salary">月薪：8000</p>
                </div>
            </li>
        </ul>
        <ul class="bottom">
            <li class="left small">
                <img src="img/wangtx.jpg" >
```

```
                <div class="mx-content">
                    <p class="mxname">汪同学</p>
                    <p class="mx-salary">月薪：7000</p>
                </div>
            </li>
            <li class="left small">
                <img src="img/gtx.jpg" >
                <div class="mx-content">
                    <p class="mxname">葛同学</p>
                    <p class="mx-salary">月薪：7500</p>
                </div>
            </li>
            <li class="left small">
                <img src="img/dtx.jpg" >
                <div class="mx-content">
                    <p class="mxname">>董同学</p>
                    <p class="mx-salary">月薪：8000</p>
                </div>
            </li>
        </ul>
    </div>
    <div id="stars-table" class="right">
        <table>
            <thead>
                <tr>
                    <th>姓名 </th>
                    <th>性别</th>
                    <th>毕业院校</th>
                    <th>学历</th>
                    <th>入职企业</th>
                    <th>薪资</th>
                </tr>
            </thead>
            <tbody>
                <tr>
                    <td class="td1">朱同学</td>
                    <td class="td2">男</td>
                    <td class="td3">曲靖师范学院</td>
                    <td class="td4">本科</td>
                    <td class="td5">四川**科技有限公司</td>
                    <td class="td6">8000</td>
                </tr>
                <tr>
                    <td class="td1">孔同学</td>
                    <td class="td2">男</td>
                    <td class="td3">曲靖师范学院</td>
                    <td class="td4">本科</td>
                    <td class="td5">成都**通软件有限公司</td>
                    <td class="td6">7500</td>
                </tr>
                <tr>
                    <td class="td1">李同学</td>
                    <td class="td2">男</td>
                    <td class="td3">西南科技大学</td>
                    <td class="td4">本科</td>
                    <td class="td5">****软件中心</td>
                    <td class="td6">9500</td>
                </tr>
```

```
        </tr>
        <tr>
            <td class="td1">刘同学</td>
            <td class="td2">男</td>
            <td class="td3">四川信息职业技术学院</td>
            <td class="td4">专科</td>
            <td class="td5">成都***克软件有限公司</td>
            <td class="td6">7600</td>
        </tr>
        <tr>
            <td class="td1">葛同学</td>
            <td class="td2">女</td>
            <td class="td3">开封大学</td>
            <td class="td4">本科</td>
            <td class="td5">郑州**科技有限公司</td>
            <td class="td6">7500</td>
        </tr>
        <tr>
            <td class="td1">朱同学</td>
            <td class="td2">男</td>
            <td class="td3">贵州理工学院</td>
            <td class="td4">本科</td>
            <td class="td5">贵州**科技</td>
            <td class="td6">8000</td>
        </tr>
        <tr>
            <td class="td1">李同学</td>
            <td class="td2">男</td>
            <td class="td3">河南中医大学</td>
            <td class="td4">本科</td>
            <td class="td5">四川****软件股份有限公司</td>
            <td class="td6">9500</td>
        </tr>
        <tr>
            <td class="td1">曾同学</td>
            <td class="td2">男</td>
            <td class="td3">四川工业科技学院</td>
            <td class="td4">本科</td>
            <td class="td5">成都**通软件有限公司</td>
            <td class="td6">7600</td>
        </tr>
        <tr>
            <td class="td1">张同学</td>
            <td class="td2">男</td>
            <td class="td3">新乡学院</td>
            <td class="td4">本科</td>
            <td class="td5">深圳市**软件股份有限公司</td>
            <td class="td6">9500</td>
        </tr>
    </tbody>
    </table>
    </div>
    </div>
</section>
```

利用浮动和绝对布局实现图片网格效果，为右侧表格设置具体样式，在 index.css 中添加如下代码：

```
/* 就业明星 */
#stars-pic{
 width: 408px;
}
#stars-pic .big{
 position: relative;
 height: 256px;
 width: 256px;
 margin-right: 16px;
 margin-bottom: 16px;
}
#stars-pic .big .mx-content{
 position: absolute;
 bottom: 0;
 left: 0;
 height: 80px;
 width: 100%;
 background-color: rgba(0,0,0,0.4);
 color: #fff;
 padding: 15px;
 box-sizing: border-box;
}
#stars-pic .big .mx-company{
 font-size: 14px;
 margin-top: 10px;
}
#stars-pic .small{
 width: 120px;
 height: 120px;
 position: relative;
 margin-bottom: 16px;
 margin-right: 16px;
}
#stars-pic .small .mx-content{
 width: 100%;
 height: 50px;
 position: absolute;
 bottom: 0;
 left: 0;
 background-color: rgba(0,0,0,0.4);
 color: #fff;
 font-size: 14px;
 padding:0 10px;
 box-sizing: border-box;
 line-height: 25px;
}
#stars-table>table{
 width: 792px;
 height: 392px;
 text-align: center;
 border-collapse: collapse;
}
#stars-table thead{
 background-image: url(../img/startable.png);
 background-size: cover;
 height: 40px;
 line-height: 40px;
```

```
color: #fff;
font-size: 14px;
}
#stars-table th{
font-weight: normal;
}
#stars-table tbody tr{
font-size: 14px;
border-bottom: 1px solid #ccc;
}
```

（7）师资力量板块

师资力量板块的主要内容是通过两行多列均分的形式展现的，效果如图 5-34 所示。当将光标移至其中一个卡片上时，出现过渡动画向上展开简介内容，展示效果如图 5-35 所示。

图 5-34　师资力量板块效果

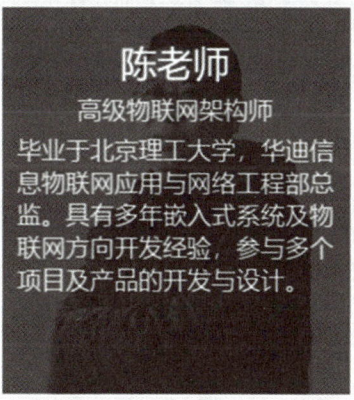

图 5-35　师资卡片鼠标悬停效果

合理组织内容结构，简介内容在一般情况下要隐藏起来，HTML 代码如下：

```
<!-- 师资力量 -->
<section id="teacher">
<h2>师资力量</h2>
<h4>软件电子、影视动漫、网络、物联网等精英汇聚一堂</h4>
<div class="pics">
```

```
        <div class="box">
            <img src="img/teacher1.jpg">
            <div class="info">
                <h3 class="teacher-name">陈老师</h3>
                <h5 class="teacher-title">高级物联网架构师</h5>
                <p class="teacher-detail hide">毕业于北京理工大学，华迪信息物联网应用与
网络工程部总监。具有多年嵌入式系统及物联网方向开发经验，参与多个项目及产品的开发与设计。</p>
            </div>
        </div>
        <div class="box">
            <img src="img/teacher2.jpg">
            <div class="info">
                <h3 class="teacher-name">黄老师</h3>
                <h5 class="teacher-title">高级软件工程师</h5>
                <p class="teacher-detail hide">十年开发教学经验，精通 Java 企业级开发主
流框架：Spring、Struts2、Hibernate、Mybatis、SpringMVC；精通 MySQL、Oracle、DB2 等大型
数据库</p>
            </div>
        </div>
        <div class="box">
            <img src="img/teacher3.jpg">
            <div class="info">
                <h3 class="teacher-name">蒋老师</h3>
                <h5 class="teacher-title">高级物联网工程师</h5>
                <p class="teacher-detail hide">具有多年嵌入式系统项目开发经验，熟悉单片
机，ARM，嵌入式 Linux 系统驱动与应用开发，参与功放参数采集与控制系统，无线温度采集系统设计。</p>
            </div>
        </div>
        <div class="box">
            <img src="img/teacher4.jpg">
            <div class="info">
                <h3 class="teacher-name">郎老师</h3>
                <h5 class="teacher-title">移动互联网 Android 工程师</h5>
                <p class="teacher-detail hide">多年从事 Java 软件项目开发工作，并在华迪
负责 Java、Web 与 Android 多方向教育工作。拥有丰富的项目开发经验以及 IT 技术教学经验。精通 J2EE
主流框架 SSH 和 SSM，擅长移动客户端相关开发。</p>
            </div>
        </div>
        <div class="box">
            <img src="img/teacher5.jpg">
            <div class="info">
                <h3 class="teacher-name">李老师</h3>
                <h5 class="teacher-title">高级软件工程师</h5>
                <p class="teacher-detail hide">有 10 年教育、企业、政府信息化经验。精通
SQL Server、MySQLOracle、JAVA、Net 等技术，熟练应用 Rose、PowerDesigner、Visio、Project。
</p>
            </div>
        </div>
        <div class="box">
            <img src="img/teacher6.jpg">
            <div class="info">
                <h3 class="teacher-name">李老师</h3>
                <h5 class="teacher-title">高级 UI 设计师</h5>
                <p class="teacher-detail hide">从事 9 年以上相关工作，掌握扎实的场景建模
技术以及材质绘制，并且擅长 UI 设计等，参与过央视动画《蔬果宝贝》等项目</p>
            </div>
        </div>
```

```
<div class="box">
    <img src="img/teacher7.jpg">
    <div class="info">
        <h3 class="teacher-name">刘老师</h3>
        <h5 class="teacher-title">游戏 3D 美术工程师</h5>
        <p class="teacher-detail hide">参与游戏动漫专业相关工作 10 年，Maya 影
视动画高级工程师、参与央视 3D 动画《蔬果小镇》和《星系宝贝》的主创制作及《蔬果宝贝闹新春》的短片
制作</p>
    </div>
</div>
<div class="box">
    <img src="img/teacher8.jpg">
    <div class="info">
        <h3 class="teacher-name">杨老师</h3>
        <h5 class="teacher-title">高级软件工程师</h5>
        <p class="teacher-detail hide">13 年软件开发经验，项目涉及教育培训，企
事业单位。有 6 年的创业经历，在软件产品化上有丰富经验。</p>
    </div>
</div>
<div class="box">
    <img src="img/teacher9.jpg">
    <div class="info">
        <h3 class="teacher-name">张老师</h3>
        <h5 class="teacher-title">大数据软件工程师</h5>
        <p class="teacher-detail hide">15 年的项目经验，项目涉及军工、电信、政
府电子、商务、房地产、教育和贸易，掌握 IOS、Android、Python、Java、node.js 开发、MDA 架构等
</p>
    </div>
</div>
<div class="box">
    <img src="img/teacher10.jpg">
    <div class="info">
        <h3 class="teacher-name">王老师</h3>
        <h5 class="teacher-title">高级游戏 3D 美术设计师</h5>
        <p class="teacher-detail hide">华迪游戏 3D 美术设计师。十二年游戏 3D 美
术工作经验。擅长于手绘及次世代游戏美术角色制作。有丰富的游戏角色制作经验。曾参与过腾讯系列游戏如
《QQ 飞车》等国内外著名大型游戏制作。</p>
    </div>
</div>
</div>
</section>
```

通过绝对布局实现展示效果，利用 transition 实现鼠标悬停时的过渡动画，添加如下代码：

```
/* 师资力量 */
#teacher .pics{
width: 1200px;
height: 520px;
column-count: 5;
overflow: hidden;
}
#teacher .box{
width: 228px;
height: 250px;
position: relative;
margin-bottom: 15px;
}
#teacher .box>img{
```

```
width: 100%;
height: 250px;
}
#teacher .box>.info{
width: 100%;
position: absolute;
left: 0;
bottom: 0;
height: 80px;
background-color: rgba(0,0,0,0.5);
color: #fff;
text-align: center;
padding: 10px;
box-sizing: border-box;
transition: all 0.2s;
}
#teacher .box>.info>h3{
 font-size: 24px;
 font-weight: normal;
 margin-bottom: 5px;
}
#teacher .box>.info>h5{
 font-size: 16px;
}
#teacher .box:hover>.info{
 height: 250px;
 padding-top: 20px;
}
#teacher .box:hover .teacher-detail{
display: block;
text-align: justify;
margin-top: 5px;
}
```

（8）教学案例板块

该板块分为左右两部分,左侧是两行四列均分的小图卡,右侧是一张大图卡,效果如图 5-36 所示。

图 5-36　教学案例板块效果

合理组织内容,用左右浮动来区分两个区域,HTML 代码如下:

```html
<!-- 商业项目教学案例 -->
<section id="proj">
 <h1>商业项目教学案例</h1>
 <h4>专注于电子政务、教育、大型企业信息化服务</h4>
 <div class="container clearfix">
    <ul class="left">
        <li style="background-image: url(img/xyyh.jpg)"><a href="">信用银行
</a></li>
        <li style="background-image: url(img/ggfw.jpg) ;"><a href="">公共服务
平台</a></li>
        <li style="background-image: url(img/jcgkfw.jpg);"><a href="">基层公
开服务监管平台</a></li>
        <li style="background-image: url(img/zfwz.jpg);"><a href="">政府网站群
</a></li>
        <li style="background-image: url(img/zxxx.jpg);"><a href="">在线学习平
台</a></li>
        <li style="background-image: url(img/yypt.jpg);"><a href="">医养平台
</a></li>
        <li style="background-image: url(img/jcpt.jpg);"><a href="">基层平台
</a></li>
        <li style="background-image: url(img/zynl.jpg);"><a href="">职业能力分
析大数据</a></li>
    </ul>
    <div class="right" style="background-image: url(img/ym.jpg);"><a href="">
医养结合信息服务平台</a></div>
 </div>
</section>
```

关于多列均分布局的实现方案有多种选择，如多列布局样式、行内块级元素、浮动、弹性盒布局等，此处以设置行内块级元素为例，在 index.css 中添加如下代码：

```css
/* 商业项目教学案例 */
#proj .container .left{
width: 808px;
font-size: 0;
}
#proj .container .left li{
height: 190px;
width: 190px;
display: inline-block;
margin-right: 12px;
margin-bottom: 12px;
background-size:cover;
position: relative;
}
#proj .container .right{
width: 392px;
height: 392px;
background-size:cover;
position: relative;
}
#proj .container .left li>a,
#proj .container .right>a{
font-size: 16px;
display: block;
```

```
width: 100%;
position: absolute;
bottom: 0;
left: 0;
text-align: center;
color: #FFFFFF;
background-color: rgba(0,0,0,0.5);
box-sizing: border-box;
}
#proj .container .left li>a{
padding: 15px;
}
#proj .container .right>a{
padding: 30px;
}
```

（9）学习环境板块

该板块分上下两部分，每个部分可以视为多列均分图片，效果如图 5-37 所示。

图 5-37　学习环境板块效果

按上下两部分放置图片，HTML 代码如下：

```
<section id="environment">
<h1>我们的环境</h1>
<h4>实践教学基地位于国家首批"双创"示范基地–成都菁蓉小镇，创业学习氛围浓厚，配套设施一流
</h4>
<div class="top">
    <img src="img/env1.png">
    <img src="img/env2.png">
</div>
<div class="bottom">
    <img src="img/env3.png">
    <img src="img/env4.png">
    <img src="img/env5.png">
    <img src="img/env6.png">
</div>
</section>
```

通过多列布局方案来实现相关效果，在 index.css 中添加如下代码：

```
/* 环境 */
#environment .top{
width: 1200px;
height: 300px;
column-count: 2;
}
#environment .top img{
width: 590px;
height: 280px;
}
#environment .bottom{
width: 1200px;
height: 150px;
column-count: 4;
}
#environment .bottom img{
width: 285px;
height: 140px;;
}
```

（10）校企合作板块

该板块也可以视为多列均分布局效果，如图 5-38 所示。当将光标移至某一项时，图标出现旋转 360°的动效，如图 5-39 所示。

图 5-38　校企合作板块效果

图 5-39　旋转中的效果

合理组织内容结构，HTML 代码如下：

```
<!-- 校企合作 -->
<section id="cooperation">
<h1>校企合作</h1>
<h4>中国著名软件与服务提供商，中国第一品牌大学生校外 IT 实训基地，中国著名 IT 人力资源服务机构，中国一流的创新创业人才孵化器</h4>
<div class="container">
    <figure>
        <img src="img/icon-cyxy.png"">
        <figcaption>产业学院</figcaption>
    </figure>
```

```
<figure>
    <img src="img/icon-sxsx.png"">
    <figcaption>实习实训</figcaption>
</figure>
<figure>
    <img src="img/icon-kjcgzh.png"">
    <figcaption>科技成果转化</figcaption>
</figure>
<figure>
    <img src="img/icon-jspx.png"">
    <figcaption>教师培训</figcaption>
</figure>
<figure>
    <img src="img/icon-xmwb.png"">
    <figcaption>项目外包</figcaption>
</figure>
    </div>
</section>
```

用变形 transform:rorate() 实现旋转效果，并添加 transition 过渡，在 index.css 中添加如下代码：

```
/* 校企合作 */
#cooperation .container{
width: 1200px;
column-count: 5;
text-align: center;
}
#cooperation figcaption{
color:#569CE3;
margin-top: 5px;
font-weight: normal;
cursor: default;
font-size: 20px;
}
#cooperation figure:hover img{
transform: rotate(360deg);
transition: all 1s;
}
```

（11）新闻动态板块

新闻动态板块由学员动态、公司动态和媒体报道三个卡片组成，效果如图 5-40 所示。

图 5-40　新闻动态板块效果

合理组织内容结构，HTML 代码如下：

212

```
<!-- 新闻动态 -->
<section id="news">
  <h1>新闻动态</h1>
  <div class="container">
      <section id="student-news">
          <div class="heading">
              <img src="img/studentnews.jpg" >
          </div>
          <ul class="news-list">
              <li>
                  <a href="">[学员动态] 陕西科技大学素质拓展活动</a>
              </li>
              <li>
                  <a href="">[学员动态] 多彩活动迎端午 活力十足展青春 ——记"端午寻'宗'
爱国如家"端午特别活动</a>
              </li>
              <li>
                  <a href="">[学员动态] 华迪实训基地迎来首批留学生</a>
              </li>
              <li>
                  <a href="">[学员动态] "创意中秋 情溢华迪" ——华迪&amp;三创谷中秋特
别活动圆满结束</a>
              </li>
              <li>
                  <a href="">[学员动态] 炎炎夏日送清凉 丝丝关爱入心田 ——华迪为学员准
备冰镇西瓜</a>
              </li>
          </ul>
      </section>
      <section id="company-news">
          <div class="heading">
              <img src="img/companynews.jpg" >
          </div>
          <ul class="news-list">
              <li>
                  <a href="">[新闻资讯] 合作交流 | 太原理工大学软件学院副书记吕晓勇一行
莅临四川华迪实训基地检查工作</a>
              </li>
              <li>
                  <a href="">[新闻资讯] 推进校企协同育人 西南民族大学电气工程学院领导莅
临考察交流</a>
              </li>
              <li>
                  <a href="">[新闻资讯] 四川外国语大学成都学院学生处处长廖发兴，招生处处
长王若斐莅临华迪考察交流</a>
              </li>
              <li>
                  <a href="">[新闻资讯] 西昌学院信息技术学院 2017 级嵌入式系统实训开启
</a>
              </li>
              <li>
                  <a href="">[新闻资讯] 内江师范学院经济与管理学院专业见习华迪启训会议
举行</a>
```

```
                    </li>
                </ul>
            </section>
            <section id="media-news">
                <div class="heading">
                    <img src="img/medianews.jpg" >
                </div>
                <ul class="news-list">
                    <li>
                        <a href="">[媒体报道] 李克强总理听取华迪董事长朱军先生对双创工作的汇
报</a>
                    </li>
                    <li>
                        <a href="">[媒体报道] 自贡智慧教育视频点播上线初见成效</a>
                    </li>
                    <li>
                        <a href="">[媒体报道] 华迪荣获教育部 2016 年产学合作协同育人项目合作伙
伴奖</a>
                    </li>
                    <li>
                        <a href="">[媒体报道] 华迪荣获成都贸易协会理事单位的称</a>
                    </li>
                    <li>
                        <a href="">[媒体报道] 喜讯：华迪签署"自贡智慧教育资源点播"项目战略合
作协议</a>
                    </li>
                </ul>
            </section>
        </div>
    </section>
```

通过多列布局实现展示效果，在 index.css 中添加如下代码：

```
/* 新闻动态 */
#news .container{
width: 1200px;
column-count: 3;
}
#news .heading,
#news .heading>img{
height: 150px;
width: 390px;
}
#news .news-list{
background-color: #fff;
padding: 20px;
width: 390px;
box-sizing: border-box;
border: 1px solid #CDCDCD;
border-top: none;
height: 190px;
}
#news .news-list li{
```

```
width: 350px;
height: 30px;
line-height: 30px;
overflow: hidden;
text-overflow: ellipsis;
white-space: nowrap;
}
#news .news-list li a{
color: #000;
font-size: 14px;
}
#news .news-list li a:hover{
text-decoration: underline;
}
```

（12）荣誉资质板块

该板块主要内容为一张图片，如图 5-41 所示。

图 5-41 荣誉资质板块

添加内容，HTML 代码如下：

```
<!-- 荣誉资质 -->
<section id="honor">
 <h1>荣誉资质</h1>
 <h4>高新技术企业双软企业，国家级大学生校外实践教学基地，教育部授牌"软件工程专业大学生实习
实训基地"</h4>
 <img src="img/add.jpg" >
</section>
```

设置图片样式，在 index.css 中添加如下代码：

```
/* 荣誉资质 */
#honor img{
min-width: 1200px;
width: 1200px;
}
```

5. 报名板块

该板块主要由文字和按钮组成，效果如图 5-42 所示。

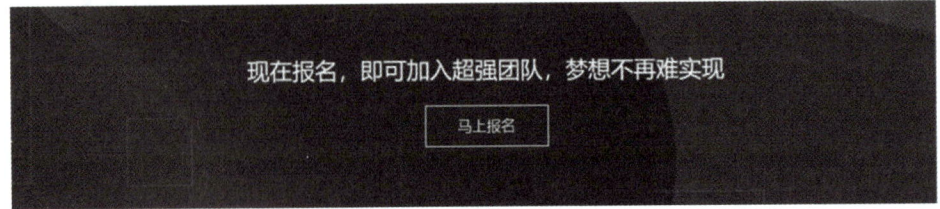

图 5-42　报名板块效果

添加标题、按钮，HTML 代码如下：

```
<div id="sign-up">
    <h4>现在报名，即可加入超强团队，梦想不再难实现</h4>
    <button>马上报名</button>
</div>
```

设置背景图、文字、按钮样式，在 index.css 中添加如下代码：

```
/* 报名 */
#sign-up{
width: 100%;
height: 200px;
background-repeat: no-repeat;
background-image:url(../img/signup-bg.jpg);
background-size:cover;
text-align: center;
}
#sign-up h4{
color: #fff;
font-size: 22px;
padding-top: 50px;
font-weight: normal;
}
#sign-up button{
background-color: transparent;
border: 1px solid #fff;
width: 120px;
height: 40px;
color: #fff;
margin-top: 20px;
font-size: 14px;
}
#sign-up button:hover{
cursor:pointer;
border-width: 2px;
}
```

6. 边栏

边栏是一直悬浮在浏览器窗口右下角的一组按钮，有返回顶部、在线咨询、联系我们三个部分，效果如图 5-43 所示。

用列表组织内容，HTML 代码如下：

图 5-43　边栏效果

```
<!-- 边栏 -->
<ul id="side-bar">
```

```
        <li><a href="#top"><img src="img/return.png" ></a></li>
        <li id="qq"><a href=""><img src="img/qq.png" ><br>在线咨询</a></li>
        <li><img id="contant" src="img/contact.png" ></li>
    </ul>
```

边栏可能出现在网站的各个页面，因此在通用组件样式文件 common.css 中添加如下代码：

```
/* 边栏 */
#side-bar{
width: 72px;
height: 180px;
box-sizing: border-box;
border: 1px solid #ddd;
position: fixed;
bottom:80px;
right:80px;
background-color: #fff;
}
#side-bar li{
text-align: center;
height: 72px;
box-sizing: border-box;
border-top:1px solid #ddd;
}
#side-bar li:first-child{
height: 40px;
line-height: 40px;
border-top: none;
}
#qq{
padding-top: 10px;
}
#qq a{
color:#000;
font-size: 14px;
}
#contact{
height: 70px;
width: 70px;
}
```

7.　页脚

页脚分为上下两部分，上部分又分左右两部分，其中左侧采用多列均分列表，右侧显示多行信息；下部分居中显示版权和备案信息，效果如图 5-44 所示。

图 5-44　页脚效果

合理组织内容结构，HTML 代码如下：

```html
<!-- 页脚 -->
<footer>
 <div class="ftop clearfix">
    <div class="left">
        <ul>
            <li><a href="">关于我们</a></li>
            <li><a href="">公司新闻</a></li>
        </ul>
        <ul>
            <li>关注我们</li>
            <li>官方微信</li>
            <li><a href="">移动 app</a></li>
        </ul>
        <ul>
            <li><img src="img/qr.png" ></li>
        </ul>
    </div>
    <ul class="right">
        <li class="tag">全国资讯热线</li>
        <li class="tel">400-8564-288</li>
        <li class="address">地址：成都市高新西区西芯大道 5 号 6 栋 9 楼<br>
        成都市郫县德源镇大禹东路 66 号创新创业 5 区 3 栋</li>
    </ul>
 </div>
 <p id="powered-by"> Copyright © 2018
    <a href="">华迪教育</a> All Rights Reserved<br>
    <a href="https://beian.miit.gov.cn/">蜀 ICP 备 14014037 号-1</a>
 </p>
</footer>
```

左上部分可通过多列布局实现。由于页脚也是通用的组件，因此在 common.css 中添加如下代码：

```css
/* 页脚 */
footer{
 background-color: #333;
 color:#fff;
 height: 220px;
}
footer a{
 color:#fff;
}
footer a:hover{
 text-decoration: underline;
}
.ftop{
 width: 1200px;
 margin: 0 auto;
}
.ftop .left{
 width: 600px;
 height: 120px;
 column-count: 3;
 text-align: center;
 font-size: 14px;
 margin-top: 30px;
```

```
}
.ftop .left>ul{
height: 120px;
}
.ftop .left>ul li{
line-height: 30px;
}

.ftop .right{
width: 500px;
height: 120px;
margin-top: 30px;
}
.ftop .right .tag{
background-color: #f08300;
text-align: center;
width: 120px;
height: 24px;
line-height: 24px;
border-radius: 4px;
font-size: 14px;
}
.ftop .right .tel{
font-size: 28px;
margin-top: 10px;
}
.ftop .right .address{
font-size: 14px;
line-height: 20px;
}
#powered-by{
color:#fff;
text-align: center;
font-size: 14px;
margin-top: 8px;
line-height: 22px;
}
```

工作实施

根据知识准备和工作计划，参考相关案例，完成企业网站首页的开发制作。

填写如表 5-20 所示的人员分工清单。

表 5-20　人员分工清单表

人员姓名	工作任务	备注

评价反馈

各自完成学习情境的开发并展示作品，介绍任务的完成过程。作品展示前应准备阐述材料，并完成评价表 5-21、表 5-22、表 5-23。

1. 学生进行自我评价。

表 5-21　学生自评表

班级：　　　　　　　　　姓名：　　　　　　　　　学号：

学习情境 8	制作企业网站首页		
评价项目	评价标准	分值	得分
整体框架	能够完成页面整体框架和布局的搭建	10	
页头、页脚	能够完成页面中页头和页脚的制作	10	
导航栏	能够完成导航栏的制作	10	
轮播图	能够结合 CSS 动画属性实现轮播图效果	10	
特效	能够为页面添加合适的特效	10	
内容板块	能够完成页面各子板块的开发	30	
小组协调	小组成员能够合理分工、互相配合完成任务	10	
工作质量	根据项目开发过程及成果评定工作质量	10	
合计		100	

2. 学生展示过程中，以个人为单位，对以上学习情境的结果进行互评。

表 5-22　学生互评表

学习情境 8		制作企业网站首页											
评价项目	分值	等级								评价对象			
										1	2	3	4
计划合理	10	优	10	良	9	中	8	差	6				
方案准确	10	优	10	良	9	中	8	差	6				
工作质量	20	优	20	良	18	中	15	差	12				
工作效率	15	优	15	良	13	中	11	差	9				
工作完整	10	优	10	良	9	中	8	差	6				
工作规范	10	优	10	良	9	中	8	差	6				
识读报告	10	优	10	良	9	中	8	差	6				
成果展示	15	优	15	良	13	中	11	差	9				
合计	100												

3．教师对学生工作过程和工作结果进行评价。

表 5-23　教师综合评定表

班级：		姓名：	学号：		
学习情境 8		制作企业网站首页			
评价项目		评价标准		分值	得分
考勤（20%）		无无故迟到、早退、旷课现象		20	
工作过程（50%）	环境管理	能正确、熟练使用 HBuilder 工具管理开发环境		5	
	方案制作	能根据技术能力快速、准确地制订工作方案		5	
	整体框架	能够完成页面整体框架的搭建		5	
	页头、页脚	能够完成页面中页头和页脚的制作		5	
	导航栏	能够完成导航栏的制作		5	
	轮播图	能够结合 CSS 动画属性实现轮播图效果		5	
	特效	能够为页面添加合适的特效		5	
	内容板块	能够完成页面各子板块的开发		25	
工作过程（50%）	工作态度	态度端正，工作认真、主动		5	
	职业素质	能做到安全、文明、合法，爱护环境		5	
项目成果（30%）	工作完整	能按时完成任务		5	
	工作质量	能按计划完成工作任务		15	
	识读报告	能正确识读并准备成果展示各项报告材料		5	
	成果展示	能准确表达、汇报工作成果		5	
合计				100	

拓展思考

1．参考本学习情境，思考纯 CSS 实现的轮播图能够满足哪些功能？

2．参考本学习情境，思考结合 JavaScript 能够为轮播图增加哪些功能？

单元 6 　知识扩展——在微信小程序中应用 HTML5

教学导航

　　在本单元中，我们开始学习一种基于 HTML5 和 CSS3 的应用场景——微信小程序。微信小程序可以开发出很多实用的应用，本单元从注册微信小程序账号、安装开发工具、新建项目入手，通过学习开发两个微信小程序案例，快速熟悉微信小程序具体的使用方法。单元 6 教学导航如表 6-1 所示。

表 6-1　单元 6 教学导航

知识重点	1. 如何申请 AppID 2. 小程序基本组件的使用 3. 如何调试小程序
知识难点	1. video 组件的使用方式 2. 页面和 JavaScript 函数的交互
推荐教学方式	从小程序基本组件的熟悉开始，动手编写一个简单的"hello world"小程序，熟悉小程序开发流程和步骤，再逐步过渡到后面两个案例的开发中
建议学时	12 学时
推荐学习方法	理论加实践，动手编写小程序项目的各个组件，应用模拟器和真机进行调试
必须掌握的理论知识	1. AppID 的概念 2. 小程序框架组成
必须掌握的技能	使用微信开发者工具

6.1　学习情境 9　开发微型播放器微信小程序

学习情境描述

　　1．教学情境

　　在互联网时代，我们经常需要通过微信小程序进行视频文件的播放和观赏，用户的评论及留言也可以通过在线的视频进行发送，那么，我们如何采用 HTML5 技术在微信小程序上进行视频播放和控制呢？

　　通过本学习情境的学习，我们可以用 HTML5 技术开发出一个如图 6-1 所示的简单播放器。我们将学习如何在手机模拟器中进行代码的调试和运行、如何设置播放器控制按钮的播放和暂停、如何将 JavaScript 事件绑定到播放按钮上面、如何设置播放视频的截图和视频文件。对这些知识点的学习，将帮助我们熟悉小程序的开发流程并自己动手做一个小型的播放器出来。

　　2．关键知识点

　　（1）手机模拟器调试和测试代码的方法。

图 6-1　微型播放器效果图

（2）按钮绑定事件。

（3）按钮操作。

（4）控制台打印输出的方法。

（5）视频播放的按钮、弹幕、事件、进度条等属性。

3．关键技能点

（1）使用手机模拟器进行代码调试和测试。

（2）设置按钮的绑定事件和操作并在控制台进行打印输出。

（3）设置视频播放的按钮、弹幕、事件、进度条等属性。

学习目标

1．掌握媒体播放功能小程序的开发。

2．理解并掌握小程序组件和事件绑定的方式和方法。

3．掌握使用小程序模拟器进行调试的方法。

4．掌握使用真机进行小程序调试的方法。

任 务 书

1．根据学习目标的要求，独立创建一个小型的媒体播放器，自选视频进行播放控制。

2．根据学习目标的要求，在自己创建的媒体播放器上显示弹幕。

3．根据学习目标的要求，分别采用模拟器和真机两种方式对开发的媒体播放器进行调试。

获取信息

引导问题：

1. 微信小程序如何进行真机调试和模拟器调试？

_____

_____

2. 制作媒体播放器所需要的视频文件是如何从服务器上采集到的？

_____

_____

工作计划

1. 制订工作方案（见表 6-2）

表 6-2 工作方案

步骤	工作内容

2. 设计功能

3. 列出工具清单（见表 6-3）

表 6-3 工具清单

序号	名称	版本	备注

4．列出技术清单（见表 6-4）

表 6-4　技术清单

序号	名称	版本	备注

进行决策

1．根据引导、构思、计划等，各自阐述自己的设计方案。
2．对其他人的设计方案提出自己不同的看法。
3．教师结合大家完成的情况进行点评，选出最佳方案，并写出最佳方案。

_____

_____

_____

知识准备

开发微型播放器微信小程序"知识分布网络，如图 6-2 所示。

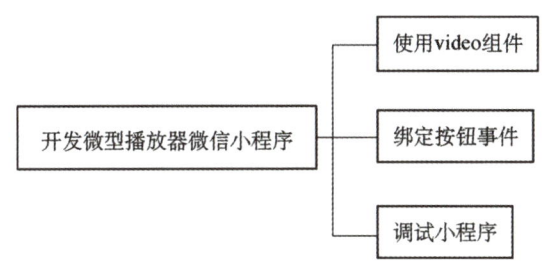

图 6-2　"开发微型播放器微信小程序"知识分布网络

6.1.1　video 组件的使用方式

元素<video>是小程序中经常用到的一种媒体组件功能，它可以在小程序页面上嵌入一种小型的媒体播放器，用户可以使用播放控制按钮进行视频的播放控制。

元素<video>的常用属性如表 6-5 所示。

video 组件

表 6-5　元素<video>的常用属性

属性	类型	说明
src	src	要播放视频的资源地址
duration	number	指定视频时长
controls	boolean	是否显示默认播放控件（播放/暂停按钮、播放进度、时间）

（续表）

属性	类型	说明
danmu-list	Array	弹幕列表
autoplay	autoplay	是否自动播放
loop	boolean	是否循环播放

6.1.2 按钮绑定事件

函数绑定、小程序
调试

按钮<button>可以通过bindtap属性绑定页面的触发事件，对于HTML5中的按钮事件在小程序中同样具有很好的支持。下面的示例展示了两个按钮绑定事件，一个为开启弹幕，另外一个为开启小窗模式。

```
<view class="page-body">
  <view class="page-section tc">
    <video
      id="myVideo"
src="https://www.bilibili.com/bangumi/play/ep427470?from_spmid=666.6.0.0"
      binderror="videoErrorCallback"
      danmu-list="{{danmuList}}"
      enable-danmu
      danmu-btn
      show-center-play-btn='{{false}}'
      show-play-btn="{{true}}"
      controls
      picture-in-picture-mode="{{['push', 'pop']}}"
      bindenterpictureinpicture='bindVideoEnterPictureInPicture'
      bindleavepictureinpicture='bindVideoLeavePictureInPicture'
    ></video>
    <view style="margin: 30rpx auto" class="weui-label">弹幕内容</view>
    <input      bindblur="bindInputBlur"      class="weui-input"      type="text"
placeholder="在此处输入弹幕内容" />
    <button     style="margin:    30rpx     auto"          bindtap="bindSendDanmu"
class="page-body-button" type="primary" formType="submit">发送弹幕</button>
    <navigator    style="margin:    30rpx    auto"          url="picture-in-picture"
hover-class="other-navigator-hover">
      <button type="primary" class="page-body-button" bindtap="bindPlayVideo">
小窗模式</button>
    </navigator>
  </view>
</view>
```

在小程序页面代码中，按钮的绑定事件有两个，一个为"bindSendDanmu"（发送弹幕），另一个为"bindPlayVideo"（播放视频），分别对应 JavaScript 文件中的按钮事件，代码如下：

```
function getRandomColor() {
  const rgb = []
  for (let i = 0; i < 3; ++i) {
    let color = Math.floor(Math.random() * 256).toString(16)
    color = color.length === 1 ? '0' + color : color
    rgb.push(color)
  }
  return '#' + rgb.join('')
}
```

```
Page({
  onReady() {
    this.videoContext = wx.createVideoContext('myVideo')
  },

  inputValue: '',
  data: {
    src: '',
    danmuList:
    [{
      text: '第 1s 出现的弹幕',
      color: '#ff0000',
      time: 1
    }, {
      text: '第 3s 出现的弹幕',
      color: '#ff00ff',
      time: 3
    }],
  },
  bindPlayVideo() {
    console.log('1')
    this.videoContext.play()
  },
  bindSendDanmu() {
    this.videoContext.sendDanmu({
      text: this.inputValue,
      color: getRandomColor()
    })
  },
})
```

在 JavaScript 代码中，"发送弹幕"函数首先设置了文本值，然后调用 getRandomColor 函数设置了文本的颜色，预览图如图 6-3 所示；"播放视频"函数调用了 videoContext 对象的 play 函数进行视频播放。

图 6-3　发送弹幕预览图

227

6.1.3　小程序的调试方式

helloworld 程序

小程序开发完成后,如何在模拟器上进行调试呢?调试方法分为模拟器调试和真机调试两种。

1. 模拟器调试

首先打开开发者工具中的模拟器,如图 6-4 所示;然后选择"界面"菜单栏中的"调试器"菜单项,打开调试器,如图 6-5 所示。

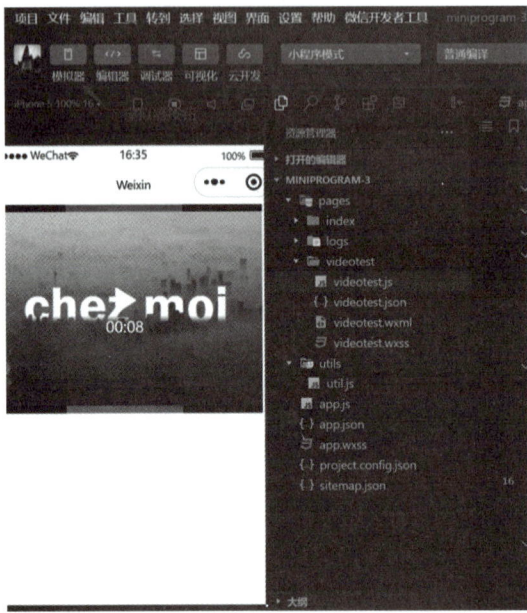

图 6-4　模拟器界面

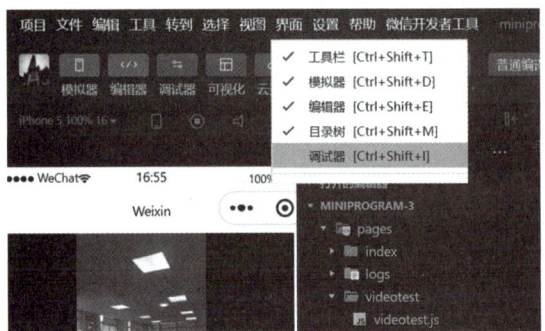

图 6-5　打开调试器

调试器将显示在窗口的右下方,如图 6-6 所示。

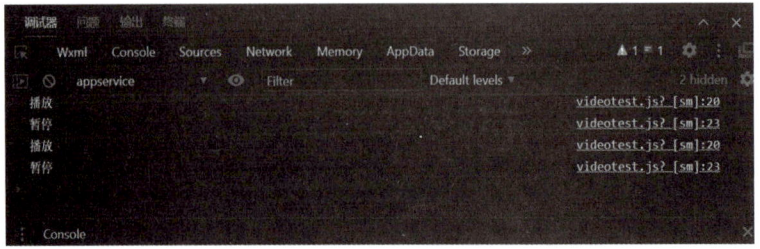

图 6-6　调试器窗口

这样我们在模拟器上进行的任何操作都将显示在控制台页面，也能够看到媒体控制所产生的输出信息。

2．真机调试

单击菜单中的"真机调试"按钮，打开真机调试选择页面，如图 6-7 所示。

图 6-7　真机调试按钮

扫描二维码，让手机连接上小程序项目进行调试。需要注意的是，要确保手机和计算机处在同一个网络环境中。

控制台将显示如图 6-8 所示的输出。

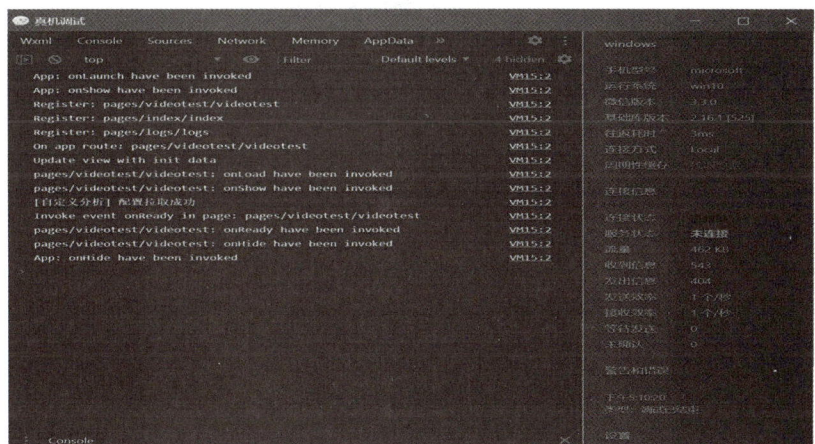

图 6-8　控制台输出结果

相关案例

本案例主要介绍了采用 HTML5 技术实现一个媒体播放器，用户可以对该媒体播放器进行播放、暂停、最大化、弹幕显示等操作，要实现这个

开发微型播放器微信小程序

媒体播放器的功能，我们可以按照以下步骤来完成。

1. 创建一个小程序工程并且创建媒体播放器相关组件

打开微信开发者工具，创建一个小程序，定义小程序的名称和设置小程序的 AppID，如图 6-9 所示。

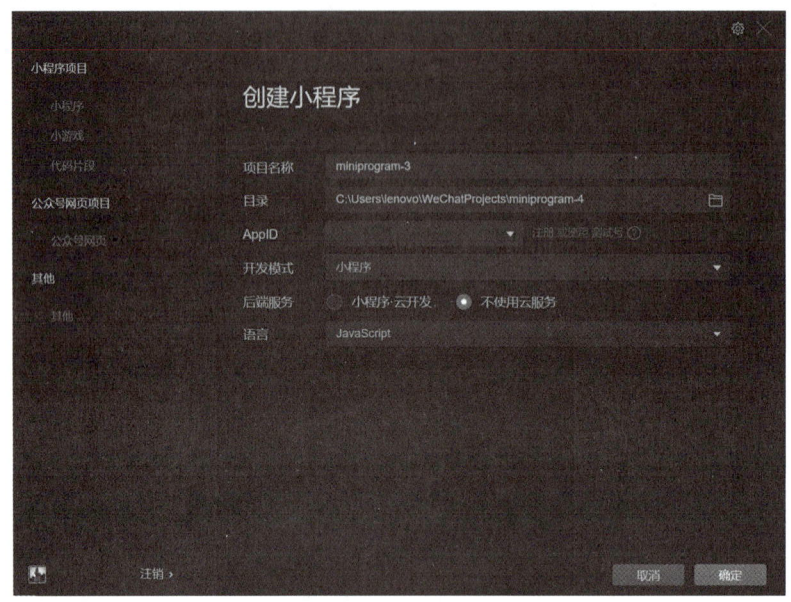

图 6-9　创建小程序窗口

工程创建完成后，工程目录结构如图 6-10 所示。

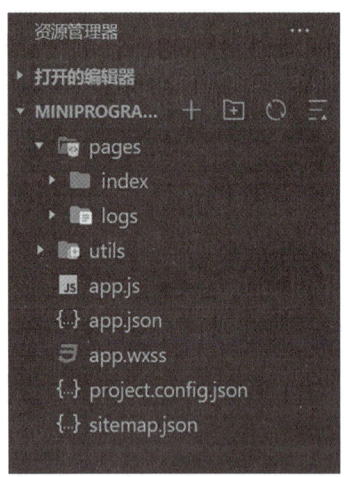

图 6-10　小程序项目工程目录

工程结构分为三部分，即 pages 文件夹、utils 文件夹、全局配置文件。其中，pages 文件夹存放项目所需的页面，utils 文件夹存放工程的全局变量，其他文件如 app.js、app.json、app.wxss、project.config.json、sitemap.json 是工程的全局配置文件。

如果创建自己媒体播放器组件的话，我们需要创建一个单独的文件夹。在 pages 文件夹上单击鼠标右键，在弹出的菜单中选择"新建文件夹"，如图 6-11 所示。

创建好媒体播放器文件夹"videotest"，用来存放小程序所需的文件，如图 6-12 所示。

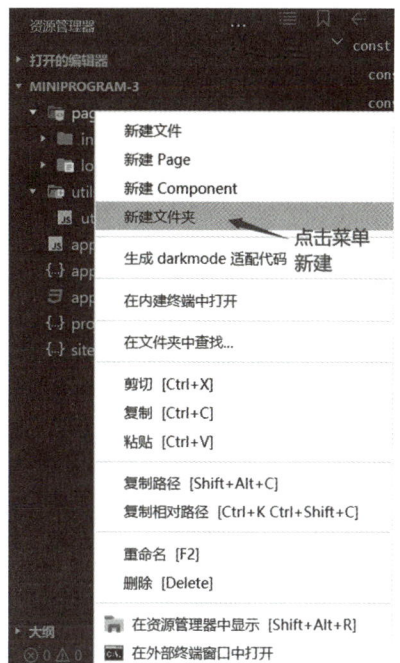

图 6-11　新建文件夹　　　　　　图 6-12　创建 videotest 文件夹

创建好媒体播放器文件夹后，我们就可以开始开发工作了。

2. 创建媒体播放器 js 文件

媒体播放器的 js 文件用来存储小程序前端和后台之间进行交互的数据和函数,代码如下:

```
const app = getApp()

Page({
  data: {
    danmuList: [
      {
        text: '第 1s 出现的弹幕',
        color: '#ff0000',
        time: 1
      },
      {
        text: '第 3s 出现的弹幕',
        color: '#ff00ff',
        time: 3
      }]

  },
  bindplay:function() {
    console.log("播放");
  },
  bindpause: function () {
    console.log("暂停");
  }
})
```

在示例代码中，我们设置了一个数组"danmuList"，用来存储媒体播放器中的弹幕列表;

设置了两个函数"bindplay"和"bindpause",用于控制提示功能。

3. 创建媒体播放器 wxml 文件

媒体播放器的页面主要展示了播放的视频界面、视频的播放控件、弹幕开关按钮,以及视频的缩放按钮,test.wxml 文件代码如下:

```
<video src="http://125.81.58.105:8080/MyMVC/resources/video/aaa.mp4"
muted="{{true}}"
initial-time="1"
duration="8"
controls="{{true}}"
danmu-list="{{danmuList}}"
enable-danmu="{{true}}"
danmu-btn="{{true}}"
autoplay="{{false}}"
loop="{{true}}"
page-gesture="{{true}}"
direction="-90"
show-progress="{{true}}"
show-fullscreen-btn="{{true}}"
show-play-btn="{{true}}"
show-center-play-btn="{{true}}"
enable-progress-gesture="{{true}}"
poster="http://125.81.58.105:8080/MyMVC/resources/pic/code.jpg"
bindplay="bindplay"
bindpause="bindpause"
>
</video>
```

在小程序页面中可以通过 video 标签在页面中嵌入一个媒体播放器并设置相应的播放控制属性参数。属性参数分别介绍如下。

src 属性:设置的外部的小视频播放原地址(可以采用外部已经搭建好的视频服务器或是网站地址)。

muted 属性:是否静音播放。

initial-time 属性:指定视频初始播放位置。

controls 属性:是否显示默认播放控件。

danmu-list 属性:弹幕列表。

enable-danmu 属性:激活弹幕列表。

danmu-btn 属性:是否显示弹幕按钮。

autoplay 属性:是否自动播放。

loop 属性:是否循环播放。

page-gesture 属性:在非全屏模式下,是否开启亮度与音量调节手势。

direction 属性:设置全屏时视频的方向。

show-progress 属性:是否显示进度条。

show-fullscreen-btn 属性:是否显示全屏按钮。

show-play-btn:是否显示播放按钮。

show-center-play-btn 属性:是否显示视频中间的播放按钮。

enable-progress-gesture 属性:是否开启控制进度的手势。

poster 属性：视频封面的图片网络资源地址。

bindplay 属性：当开始/继续播放时触发 play 事件。

bindpause 属性：当暂停播放时触发 pause 事件。

在页面中加入 video 元素并设置好播放器的各种属性后，我们还需要将视频上显示的弹幕列表和前端页面的弹幕列表数据关联起来。在"danmu-list"属性中，设置"videotest.js"中的 data 属性的名称为"danmuList"，这样我们就能在视频窗口中看到弹幕列表数据了。

4. 创建媒体播放器 json 文件

小程序中有一个 app.json 文件，它是小程序工程的全局配置文件，我们也可以单独定义每个页面的配置文件用来覆盖全局配置文件。如果不定义单独的页面的 json 文件，那么将默认采用全局的 json 文件配置。在全局的配置文件中，我们可以定义页面的加载顺序和样式，代码如下：

```
{
  "pages":[
    "pages/videotest/videotest",
    "pages/index/index",
    "pages/logs/logs"
  ],
  "window":{
    "backgroundTextStyle":"light",
    "navigationBarBackgroundColor": "#fff",
    "navigationBarTitleText": "Weixin",
    "navigationBarTextStyle":"black"
  },
  "style": "v2",
  "sitemapLocation": "sitemap.json"
}
```

可以看到，代码中的"pages"属性定义了小程序中三个页面的访问路径，其中放在最上面的页面路径会在小程序启动的时候首先进行加载；"window"属性定义小程序工程的背景样式、背景颜色、导航条的标题文本和文本样式。"style"属性定义工程的版本号；"sitemapLocation"属性定义了工程的站点拦截配置。

```
{
  "desc": "关于本文件的更多信息，请参考文档 https://developers.weixin.
qq.com/miniprogram/dev/framework/sitemap.html",
  "rules": [{
  "action": "allow",
  "page": "*"
  }]
}
```

【属性说明】

desc 属性：本项目的描述文件。

rules 属性：项目的外部访问规则。

action 属性：访问行为配置，"allow"表示允许所有的 IP 地址进行访问。

page 属性：页面访问配置，"*"表示所有的页面都可以访问。

5. 创建媒体播放器 wxss 文件

小程序工程的页面样式主要通过 wxss 文件进行定义，与 json 文件一样，它默认采用的是全局的 app.wxss 文件，除非使用自定义 wxss 文件进行覆盖。全局的 app.wxss 文件代码如下：

```
.container {
  height: 100%;
  display: flex;
  flex-direction: column;
  align-items: center;
  justify-content: space-between;
  padding: 200rpx 0;
  box-sizing: border-box;
}
```

【属性说明】

height 属性：容器高度。

display 属性：容器元素显示方式。

flex-direction 属性：容器元素排列方式。

align-items 属性：容器元素布局方式。

justify-content 属性：内容调整。

padding 属性：内边距。

box-sizing 属性：盒模型样式。

6. 模拟器调试及真机调试

在本例中，小程序采用的视频源和图片源都是外部的 Web 服务器，读者可以自己搭建 Web 服务器访问一个视频地址；对于视频首页的图片地址也可以采用相同的方式。

工作实施

根据项目工作准备和工作计划，参考相关的项目案例，完成微信播放器小程序的功能图和流程图。

填写如表 6-6 所示的人员分工清单。

表 6-6　人员分工清单表

人员姓名	工作任务	备注

评价反馈

　　各自完成学习情境的开发并展示作品，介绍任务的完成过程。作品展示前应准备阐述材料，并完成评价表 6-7、表 6-8、表 6-9。

　　1. 学生进行自我评价。

表 6-7　学生自评表

班级：	姓名：	学号：		
学习情境 9	开发微型播放器微信小程序			
评价项目	评价标准		分值	得分
媒体播放器创建	自行创建一个小型的媒体播放器，自选视频并进行播放控制		15	
显示滚动弹幕	在自己创建的媒体播放器上显示弹幕		20	
采用模拟器和真机调试小程序	对自己设计的媒体播放器进行调试，采用模拟器和真机两种方式		20	
页面设计	能够选择合理的软件架构进行前台模块的开发		15	
小组协调	小组成员能够合理分工、互相配合完成任务		15	
工作质量	根据项目开发过程及成果评定工作质量		15	
合计			100	

　　2. 学生展示过程中，以个人为单位，对以上学习情境的结果进行互评。

表 6-8　学生互评表

学习情境 9		开发微型播放器微信小程序							评价对象			
评价项目	分值	等级							1	2	3	4
计划合理	10	优	10	良	9	中	8	差	6			
方案准确	10	优	10	良	9	中	8	差	6			
工作质量	20	优	20	良	18	中	15	差	12			
工作效率	15	优	15	良	13	中	11	差	9			
工作完整	10	优	10	良	9	中	8	差	6			
工作规范	10	优	10	良	9	中	8	差	6			
识读报告	10	优	10	良	9	中	8	差	6			
成果展示	15	优	15	良	13	中	11	差	9			
合计	100											

3．教师对学生工作过程和工作结果进行评价。

表 6-9　教师综合评定表

班级：		姓名：	学号：		
学习情境 9		开发微型播放器微信小程序			
评价项目		评价标准		分值	得分
考勤 (20%)		无无故迟到、早退、旷课现象		20	
工作过程（50%）	媒体播放器创建	自行创建一个小型的媒体播放器，自选视频并进行播放控制		15	
	显示滚动弹幕	在自己创建的媒体播放器上显示弹幕		15	
	采用模拟器和真机调试小程序	对自己设计的媒体播放器进行调试，采用模拟器和真机两种方式		10	
	工作态度	态度端正，工作认真、主动		5	
	职业素质	能做到安全、文明、合法，爱护环境		5	
项目成果(30%)	工作完整	能按时完成任务		5	
	工作质量	能按计划完成工作任务		15	
	识读报告	能正确识读并准备成果展示各项报告材料		5	
	成果展示	能准确表达、汇报工作成果		5	
合计				100	

拓展思考

1．参考本学习情境，思考 HTML5 中的哪些元素可以应用到微信小程序的页面设计中？

2．参考本学习情境，思考模拟器调试小程序和真机调试小程序哪种方式更好？你能说出有哪些区别吗？

6.2　学习情境 10　开发网上店铺微信小程序

教学导航

学习情境描述

1．教学情境

网上商城为我们的生活带来了许多便利，以前需要在线下完成的商品选购、付款等行为，如今可以利用互联网在网上店铺中轻松完成。一般我们在网店购买商品时，需要先将选购的商品放到购物车中，然后再进行结算。

此前，我们已经学习了 HTML5 方面的知识，并且已经安装了微信开发者工具。在本学习情境中，我们要结合已经学到的知识和技能实现网上店铺微信小程序的商品浏览、添加到购物车，以及购物车管理功能。网上店铺小程序的实现效果如图 6-13 和图 6-14 所示。

2．关键知识点

（1）用 view 组件构建商品列表。

（2）用 scroll-view 组件构建类型列表。

（3）用数组存储商品列表和类型列表的数据。

（4）点击函数、滚动函数、触摸函数的使用。

（5）用 view 组件隐藏和显示触发条件。

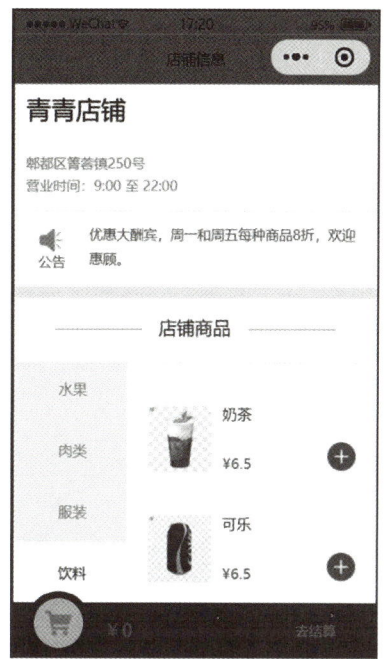

图 6-13　店铺商品浏览效果

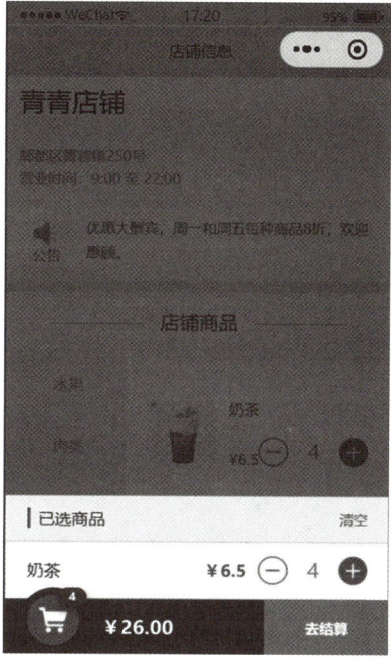

图 6-14　选购商品添加至购物车效果

3．关键技能点

（1）采用 view 组件和 scroll-view 组件构建列表。

（2）采用小程序中的数组存储商品列表和类型列表的数据。

（3）采用列表组件实现滚动效果。

（4）实现购物车商品管理的功能。

学习目标

1．掌握商品数据展示的实现方法。

2．掌握商品列表和类型列表滚动的实现方法。

3．理解购物车商品数量加减操作的实现方法。

4．理解购物车列表隐藏和显示的实现方法。

任 务 书

1．根据学习目标的要求，完成案例小程序中在商品列表展示页面进行商品数据展示的功能。

2．根据学习目标的要求，完成案例小程序中商品列表和类型列表的滚动效果，并进行相关样式的开发。

3．根据学习目标的要求，实现案例小程序中购物车商品数量加减操作的功能，完成相关函数的开发。

4．根据学习目标的要求，实现案例小程序中购物车列表的隐藏和显示功能，完成相关函数的开发。

获取信息

引导问题：

1．PC 网站的店铺功能和小程序的店铺功能有哪些共同点？

_____

_____

2．PC 网站的店铺功能和小程序的店铺功能有哪些区别？

_____

_____

工作计划

1．制订工作方案（见表 6-10）

表 6-10　工作方案

步骤	工作内容	

2．设计功能

3．列出工具清单（见表 6-11）

表 6-11　工具清单

序号	名称	版本	备注

4. 列出技术清单（见表 6-12）

表 6-12　技术清单

序号	名称	版本	备注

进行决策

1. 根据引导、构思、计划等，各自阐述自己的设计方案。
2. 对其他人的设计方案提出自己不同的看法。
3. 教师结合大家完成的情况进行点评，选出最佳方案，并写出最佳方案。

_____

_____

_____

知识准备

"开发网上店铺微信小程序"知识分布网络，如图 6-15 所示。

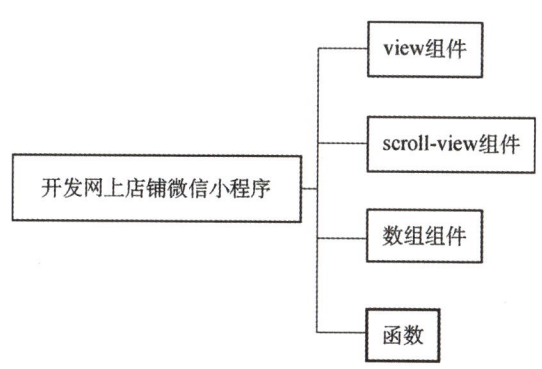

图 6-15　"开发网上店铺微信小程序"知识分布网络

6.2.1　view 组件

小程序视图容器<view>组件用于在页面上展示一个视图窗口，视图窗口在页面中有两种排列方式，一种为"横向布局"，另一种为"纵向布局"，示例代码如下：

```
<view class="container">
  <view class="page-body">
    <view class="page-section">
      <view class="page-section-title">
        <text>flex-direction: row\n 横向布局</text>
```

view、rich-text、
scroll-view 组件

239

```
      </view>
      <view class="page-section-spacing">
        <view class="flex-wrp" style="flex-direction:row;">
          <view class="flex-item demo-text-1"></view>
          <view class="flex-item demo-text-2"></view>
          <view class="flex-item demo-text-3"></view>
        </view>
      </view>
    </view>
    <view class="page-section">
      <view class="page-section-title">
        <text>flex-direction: column\n 纵向布局</text>
      </view>
      <view class="flex-wrp" style="flex-direction:column;">
        <view class="flex-item flex-item-V demo-text-1"></view>
        <view class="flex-item flex-item-V demo-text-2"></view>
        <view class="flex-item flex-item-V demo-text-3"></view>
      </view>
    </view>
  </view>
</view>
```

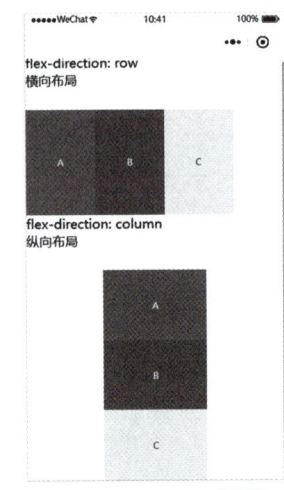

view 组件采用的布局方式是由 style 属性决定的，如果设置 style="flex-direction:row;"，则采用横向布局方式；如果设置 style = "flex-direction:column;"，则采用纵向布局方式。

运行效果如图 6-16 所示。

图 6-16   View 示例

6.2.2   rich-text 组件

富文本组件 rich-text 一般用来展示小程序页面的列表，这种组件在小程序的开发中经常被使用，它的相关属性如表 6-13～表 6-15 所示。

表 6-13   富文本组件 rich-text 常用属性

属性	类型	说明
nodes	array/string	节点列表/HTML String
space	string	显示连续空格

表 6-14   space 属性

属性	说明
Ensp	中文字符空格一半大小
Emsp	中文字符空格大小
nbsp	根据字体设置的空格大小

表 6-15   nodes 属性

属性	类型	说明
name	string	标签名
attrs	object	属性
children	array	子节点列表

6.2.3　scroll-view 组件

小程序滚动视图组件<scroll-view>主要用于在页面上展示一个可以控制的滚动窗口，它的常用属性如表 6-16 所示。

表 6-16　滚动视图组件<scroll-view>常用属性

属性	类型	说明
scroll-x	boolean	允许横向滚动
scroll-y	boolean	允许纵向滚动
scroll-top	number/string	设置竖向滚动条位置
scroll-left	number/string	设置横向滚动条位置
show-scrollbar	boolean	滚动条显隐控制（同时开启 enhanced 属性后生效）
bindscroll	eventhandle	滚动时触发

以下代码展示了两种滚动列表，一种是纵向滚动列表，另一种为横向滚动列表。

```
<view class="container">
  <view class="page-body">
    <view class="page-section">
      <view class="page-section-title">
        <text>Vertical Scroll\n 纵向滚动</text>
      </view>
      <view class="page-section-spacing">
        <scroll-view          scroll-y="true"          style="height:          300rpx;"
bindscrolltoupper="upper"      bindscrolltolower="lower"       bindscroll="scroll"
scroll-into-view="{{toView}}" scroll-top="{{scrollTop}}">
          <view id="demo1" class="scroll-view-item demo-text-1"></view>
          <view id="demo2"  class="scroll-view-item demo-text-2"></view>
          <view id="demo3" class="scroll-view-item demo-text-3"></view>
        </scroll-view>
      </view>
    </view>
    <view class="page-section">
      <view class="page-section-title">
        <text>Horizontal Scroll\n 横向滚动</text>
      </view>
      <view class="page-section-spacing">
        <scroll-view class="scroll-view_H" scroll-x="true" bindscroll="scroll"
style="width: 100%">
          <view id="demo1" class="scroll-view-item_H demo-text-1"></view>
          <view id="demo2"  class="scroll-view-item_H demo-text-2"></view>
          <view id="demo3" class="scroll-view-item_H demo-text-3"></view>
        </scroll-view>
      </view>
    </view>
  </view>
</view>
```

通过以上代码可以看到纵向滚动和横向滚动列表主要通过自己的属性进行限定，如果为纵向列表，属性设置为"scroll-y="true""；如果为横向列表，属性设置为"scroll-x="true""。

相关案例

在本案例中，我们将学习使用 HTML5 技术开发网上店铺微信小程序，学习本案例将帮助大家进一步熟悉在页面中添加列表、视图、按钮、文本等元素。通过编写 JavaScript 事件函数，还能够实现页面元素和动态函数之间的联动。

万丈高楼从地起！我们需要在正式开发之前，对整个项目进行规划，安排一定的开发步骤并分步执行。

1. 创建小程序项目

创建小程序项目我们已经熟悉，如图 6-17 所示。

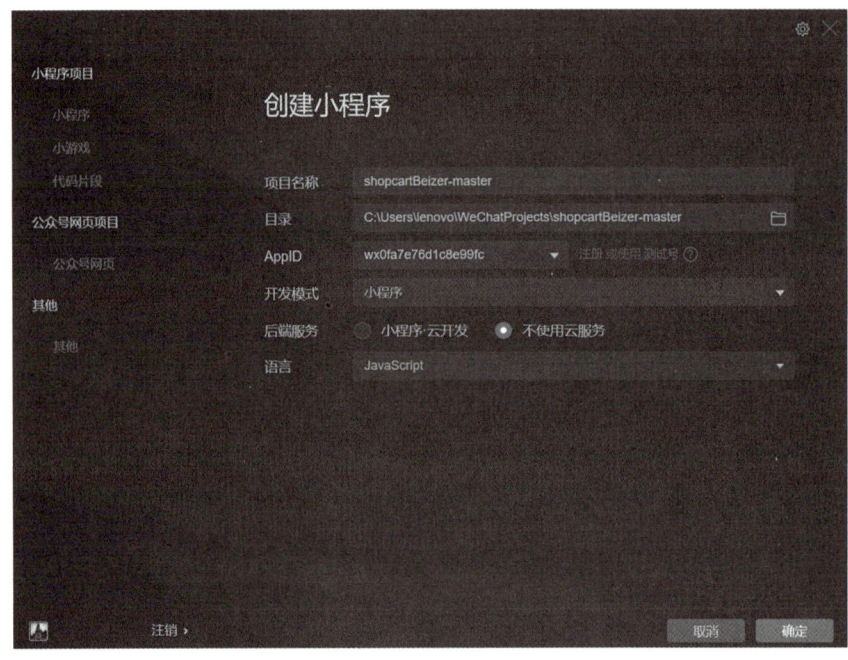

图 6-17　创建小程序项目

图 6-18　项目目录结构

填写好项目名称并且选择合理的 AppID 后，可以看到我们创建的项目结构如图 6-18 所示。其中 pages 文件夹下面创建了三个文件夹：image 文件夹用于放置项目需要的图片，index 文件夹用于放置项目运行所需的组件，logs 文件夹用于放置项目的日志展示文件。

image 文件夹展示如图 6-19 所示。

index 文件夹展示如图 6-20 所示。logs 文件夹展示如图 6-21 所示。我们主要还是对 index 文件夹进行相应的开发，下面将逐步进行介绍。

2. 全局函数实现商品选购的抛物线功能

设计商品选购的时候，被选购的商品可以设计抛物线的动画效果，以增加程序的趣味性，那么，我们如何来设计这一功能呢？

要实现抛物线功能，需要在全局配置 js 文件中设计一个函数，代码如下：

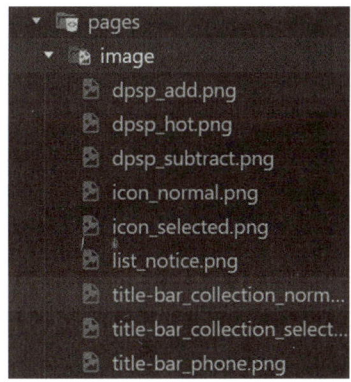

图 6-19　image 文件夹内容

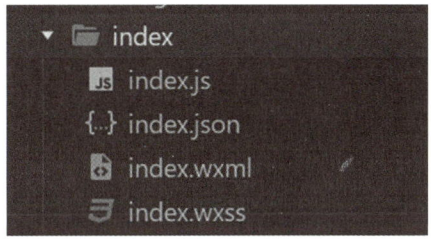

图 6-20　index 文件夹内容

图 6-21　logs 文件夹内容

```
function pointLine(points, rate) {
      var pointA, pointB, pointDistance, xDistance, yDistance, tan, radian,
tmpPointDistance;
      var ret = [];
      pointA = points[0];//点击
      pointB = points[1];//中间
      xDistance = pointB.x - pointA.x;
      yDistance = pointB.y - pointA.y;
      pointDistance = Math.pow(Math.pow(xDistance, 2) + Math.pow(yDistance,
2), 1 / 2);
      tan = yDistance / xDistance;
      radian = Math.atan(tan);
      tmpPointDistance = pointDistance * rate;
      ret = {
        x: pointA.x + tmpPointDistance * Math.cos(radian),
        y: pointA.y + tmpPointDistance * Math.sin(radian)
      };
      return ret;
    }
```

此函数改变了商品抛物线的坐标值，但还需要通过另外的函数来调用此函数，实现商品移动的效果。

3. 商品列表和商品类别列表展示

总体上，这个案例的页面需要完成 4 个部分的设计。

（1）店铺基本信息的设计

店铺基本信息代码如下：

```
<view style="padding:0;margin:0;width:100%;">
    <view class="chess-room">
```

```
        <label class="title titleText">{{chessRoomDetail.shop.name}}</label>
                <view class="star-view">
    <image wx:for="{{[1, 2, 3, 4, 5]}}" wx:for-item="i" style="width: 0.8rem;
height: 0.8rem; "  src="../image/title-bar_collection_normal.png"></image>
                    <text class="score-text">4 分</text>
            </view>
            <label class="addr-text">{{chessRoomDetail.shop.addr}}</label>
                <label class="time-text">营业时间：{{timeStart}} 至 {{timeEnd}}
</label>
            <image class="cover-img" src="{{chessRoomDetail.shop.avatar}}"></
image>
        </view>
        <view class="ad-view">
            <image class="ad-img" src="../image/list_notice.png"></image>
            <text class="ad-title">公告</text>
            <label class="ad-content">优惠大酬宾，周一至周五每小时仅需 10 元，巴拉巴拉阿
里巴拉巴拉。</label>
        </view>
        <view class="line"></view>
        <view class="goods-title-view">
            <text class="line-left"></text>
            <text class="good-title">店铺商品</text>
            <text class="line-right"></text>
        </view>
    </view>
  </view>
```

【属性说明】

view：视图元素。

label：标签元素。

text：文本元素。

（2）左侧商品类型和右侧商品列表的设计

左侧商品类型列表代码如下：

```
        <view class="menu-wrapper" style="height: {{goodsH}}px;">
    <scroll-view scroll-y style="height: {{goodsH}}px;"   scroll-with-animation
="{{animation}}">

    <view wx:for="{{chessRoomDetail.catList}}" id="cat_{{index}}_{{item.id}}" c
lass="menu-item {{(catHighLightIndex == index) ? 'current':''}}" bindtap="catCl
ickFn">{{item.categoryName}}</view>
        </scroll-view>
    </view>
```

右侧商品列表代码如下：

```
    <view class="foods-wrapper" style="height: {{goodsH}}px;">
        <scroll-view scroll-y style="height: 100%;" bindscroll="goodsViewSc
rollFn" scroll-into-view="{{toView}}">
      <view wx:for="{{chessRoomDetail.catList}}" class="food-grouping" id="
catGood_{{item.id}}">
        <view wx:for="{{item.goodsList}}" wx:for-item="good" class="foods-i
tem" id="{{good.id}}">
            <image  class="icon" src="{{good.image}}"></image>
```

```
        <view    class="content"><text class="title">{{good.name}}</text><
text class="price">¥{{good.price}}</text></view>
                  <!--加减器-->
                  <view class="cartcontrol-wrap">
                    <view class="cartcontrol">
                        <block wx:for="{{shoppingCartGoodsId}}" wx:for-item="goodId
">
                            <view bindtap="decreaseGoodToCartFn"  class="cart-decreas
e {{(good.id == goodId) ? '': 'hidden'}}">
                                <image class="cart-decrease" id="decrease_{{good.id}}"
src="../image/dpsp_subtract.png"></image>
                                <view class="inner icon-remove_circle_outline"></view>
                            </view>
                        </block>
                        <text class="cart-count">{{(shoppingCart[good.id]) ? shoppi
ngCart[good.id]: ""}}</text>
                        <image src="../image/dpsp_add.png" bindtap="touchOnGoods" id
="add_{{good.id}}" class="cart-add icon-add_circle"></image>
                    </view>
                </view>
            </view>
        </view>
```

（3）购物车列表的设计

```
<view>
    <view class="shopcart">
      <view class="content">
        <view class="content-left" bindtap="showShopCartFn">
            <view class="logo-wrapper">
                <image class="logo" src="../image/{{(totalNum > 0) ? 'icon_sele
cted': 'icon_normal'}}.png" style="background-image:url(../image/{{(totalNum >
0) ? 'icon_selected': 'icon_normal'}}.png)">
                    <i class="icon-shopping_cart"></i>
                </image>
                <view class="num" wx:if="{{totalNum}}">{{totalNum}}</view>
            </view>
            <view class="price {{(totalPay > 0)? 'highlight':''}}">
¥{{totalPay}}</view>
        </view>
        <view class="content-right">
            <view bindtap="goPayFn" class="pay {{(totalPay > 0) ? 'payClass':
''}}">去结算
            </view>
        </view>
      </view>


        <view class="shopcart-list {{(showShopCart && (totalPay > 0))?'':'hid
den'}}">
            <view class="list-header">
           <view class="title">
    <text class="title-line">已选商品
    </text> <text class="empty" bindtap="clearShopCartFn">清空</text>
```

```
    </view>
        <!-- 嵌入 scroll-view 元素>

        </view>
    </view>
  </view>
</view>
```

滚动列表（scroll-view）是嵌入到外层 view 元素中的，代码如下：

```
<scroll-view scroll-y style="max-height: 257px;">
        <view class="list-content" >
            <view>
              <view class="food" wx:for="{{chooseGoodArr}}" wx:for-item="go
od">
                  <view class="name">{{good.name}}</view>
                  <view class="price">
                    <view>￥{{good.price}}</view>
                  </view>
                  <view class="cartcontrol-wrapper">
                      <view class="cartcontrol">
                          <view bindtap="decreaseGoodToCartFn"  class="cart-d
ecrease">
                              <image id="decrease_{{good.id}}" class="cart-de
crease" src="../image/dpsp_subtract.png"></image>
                                <view class="inner icon-remove_circle_outline">
</view>
                          </view>
                          <text class="cart-count">{{(shoppingCart[good.id])
? shoppingCart[good.id]: ""}}</text>
                          <image src="../image/dpsp_add.png" bindtap="addGood
ToCartFn" id="add_{{good.id}}" class="cart-add icon-add_circle"></image>

                      </view>
                  </view>
              </view>
            </view>
        </view>
    </scroll-view>
```

4. 实现商品列表和类别列表的滚动功能

实现了页面的设计后，我们就可以开始进行各个组件的函数设计了，包括点击函数、滚动函数、添加商品到购物车函数、购物车加减函数等。

商品列表滚动函数代码如下：

```
goodsViewScrollFn: function (e) {
  this.getIndexFromHArr(e.detail.scrollTop)
},
//传入滚动的值，让右侧的类型也跟着变动
getIndexFromHArr: function (value) {
  //找出滚动高度的区间，则找出展示中的商品是属于哪个类型的
  for (var j = 0; j < this.data.goodsNumArr.length; j++) {
    if ((value >= this.data.goodsNumArr[j]) && (value < this.data.goodsNu
```

```
mArr[j + 1])) {
            //console.log(j+"bbb"+value + '####' + this.data.goodsNumArr[j])
            if (!this.data.fromClickScroll) {
              this.setData({
                catHighLightIndex: j
              });
            }
          }
        }
        this.setData({
          fromClickScroll: false
        });
      },
```

商品类别点击函数代码如下：

```
catClickFn: function (e) {
    let that = this;
    let _index = e.target.id.split('_')[1];
    let goodListId = e.target.id.split('_')[2];

    // //左侧点击高亮
    this.setData({
      fromClickScroll: true
    });
    this.setData({
      catHighLightIndex: _index
    });
    //右侧滚动到相应的类型
    this.setData({
      toView: that.data.GOODVIEWID + goodListId
    });
  },
```

添加商品到购物车函数代码如下：

```
//添加商品到购物车
addGoodToCartFn: function (e) {
    let shoppingCart = JSON.parse(JSON.stringify(this.data.shoppingCart));
    let shoppingCartGoodsId = [];
    let _id = e.target.id.split('_')[1];
    let _index = -1;

    if (this.data.shoppingCartGoodsId.length > 0) {
      for (let i = 0; i < this.data.shoppingCartGoodsId.length; i++) {
        shoppingCartGoodsId.push(this.data.shoppingCartGoodsId[i])
        if (_id == this.data.shoppingCartGoodsId[i]) {
          _index = i;
        }
      }
    }
    if (_index > -1) {//已经存在购物车，只是数量变化
      shoppingCart[_id] = Number(shoppingCart[_id]) + 1;
    } else {//新增
```

```
        shoppingCartGoodsId.push(_id);
        shoppingCart[_id] = 1;
    }
    //抛物线的动画
    //this.ballDrop(e);
    //this.touchOnGoods(e);
    this.setData({
        shoppingCart: shoppingCart,
        shoppingCartGoodsId: shoppingCartGoodsId
    });
    this._resetTotalNum();
},
```

商品加减函数代码如下:

```
//移除商品的事件
decreaseGoodToCartFn: function (e) {
    console.log(e)
    let shoppingCart = JSON.parse(JSON.stringify(this.data.shoppingCart));
    let shoppingCartGoodsId = [];
    let _id = e.target.id.split('_')[1];
    let _index = -1;

    if (this.data.shoppingCartGoodsId.length > 0) {
        for (let i = 0; i < this.data.shoppingCartGoodsId.length; i++) {
            shoppingCartGoodsId.push(this.data.shoppingCartGoodsId[i]);
            if (_id == this.data.shoppingCartGoodsId[i]) {
                _index = i;
            }
        }
    }
    if (_index > -1) {//已经存在购物车，只是数量变化
        shoppingCart[_id] = Number(shoppingCart[_id]) - 1;
        if (shoppingCart[_id] <= 0) {
            shoppingCartGoodsId.splice(_index, 1);
        }
    }

    this.setData({
        shoppingCart: shoppingCart,
        shoppingCartGoodsId: shoppingCartGoodsId
    });
    this._resetTotalNum();
},
```

5. 实现购物列表切换隐藏或者显示

```
showShopCartFn: function (e) {
    if (this.data.totalPay > 0) {
        this.setData({
            showShopCart: !this.data.showShopCart
        });
    }
},
```

```
//清空购物车
clearShopCartFn: function (e) {
  this.setData({
    shoppingCartGoodsId: [],
    totalNum: 0,
    totalPay: 0,
    chooseGoodArr: [],
    shoppingCart: {}
  });
},
```

6. 实现商品结算功能

此功能实现对所选购的商品进行总价的计算和汇总，实现函数代码如下：

```
//结算
goPayFn: function (e) {
  let goodsIds = "",
    quantitys = "",
    _that = this;

  for (let i = 0; i < this.data.shoppingCartGoodsId.length; i++) {
    goodsIds += this.data.shoppingCartGoodsId[i] + ",";
    quantitys += this.data.shoppingCart[this.data.shoppingCartGoodsId[i]]
+ ","
  }
  goodsIds = goodsIds.substring(0, goodsIds.length - 1);
  quantitys = quantitys.substring(0, quantitys.length - 1);
  let param = {
    goodsIds: goodsIds,
    quantitys: quantitys,
    shopId: this.data.chessRoomDetail.shop.id,
    type: 0,//订单类型 0是商品 1是麻将机
    address: this.data.mechine.address
  };
  //TODO 调用后台接口
  wx.request({
    url: _that.data.url + 'momolewx/wx/order/goods/submit.do',
    data: param,
    method: 'POST',
    header: { 'content-type': 'application/x-www-form-urlencoded' },
    success: function (res) {
      console.log(res)
    }
  })
}
```

7. 开发页面元素所需要的样式

在页面和页面函数开发完成后，最后一步就是设计页面元素所需要的样式了，由于样式代码比较简单，这里不再赘述。

经过以上的几个步骤，我们已经完成了网上店铺微信小程序开发。

工作实施

根据项目知识准备和工作计划，参考相关的项目案例，完成个人网站的功能图和流程图。

填写如表 6-17 所示的人员分工清单。

表 6-17   人员分工清单表

人员姓名	工作任务	备注

评价反馈

1．学生进行自我评价。

表 6-18   学生自评表

班级：   姓名：   学号：

学习情境 10	开发网上店铺微信小程序		
评价项目	评价标准	分值	得分
商品列表数据展示	完成案例小程序中商品列表展示页面进行商品数据的展示	15	
购物车管理功能	完成案例小程序中购物车商品数量进行加减操作的实现,完成相关函数的开发	20	
购物车列表展示和隐藏	完成案例小程序中购物车列表的隐藏和显示的实现,完成相关函数的开发	20	
页面设计	能够选择合理的软件架构进行前台模块的开发	15	
小组协调	小组成员能够合理分工、互相配合完成任务	15	
工作质量	根据项目开发过程及成果评定工作质量	15	
合计		100	

2．学生展示过程中，以个人为单位，对以上学习情境的结果进行互评。

表 6-19　学生互评表

学习情境 10		开发网上店铺微信小程序										
评价项目	分值	等级								评价对象		
										1	2	3	4
计划合理	10	优	10	良	9	中	8	差	6				
方案准确	10	优	10	良	9	中	8	差	6				
工作质量	20	优	20	良	18	中	15	差	12				
工作效率	15	优	15	良	13	中	11	差	9				
工作完整	10	优	10	良	9	中	8	差	6				
工作规范	10	优	10	良	9	中	8	差	6				
识读报告	10	优	10	良	9	中	8	差	6				
成果展示	15	优	15	良	13	中	11	差	9				
合计	100												

3．教师对学生工作过程和工作结果进行评价。

表 6-20　教师综合评定表

班级：　　　　　　　　　姓名：　　　　　　　　　学号：

学习情境 10		开发网上店铺微信小程序		
评价项目		评价标准	分值	得分
考勤（20%）		无无故迟到、早退、旷课现象	20	
工作过程（50%）	商品列表数据展示	完成案例小程序中商品列表展示页面进行商品数据的展示	15	
	购物车管理功能	完成案例小程序中购物车商品数量进行加减操作的实现，完成相关函数的开发	10	
	购物车列表展示和隐藏	完成案例小程序中购物车列表的隐藏和显示的实现，完成相关函数的开发	10	
	工作态度	态度端正，工作认真、主动	10	
	职业素质	能做到安全、文明、合法，爱护环境	5	
项目成果（30%）	工作完整	能按时完成任务	5	
	工作质量	能按计划完成工作任务	5	
	识读报告	能正确识读并准备成果展示各项报告材料	15	
	成果展示	能准确表达、汇报工作成果	5	
合计			100	

拓展思考

1．参考本学习情境，思考购物车的商品选购的抛物线动画效果可以应用到哪些场合的开发中？

2．参考本学习情境，思考如果需要开发小程序的结算功能应该如何进行设计和开发？列出详情的开发步骤。

附录1 1+X 对照表

序号	学习情境	对应标准	
		技能要求	知识要求
1	制作 HTML5 欢迎页面	2-1-1-S1 能熟练使用 HTML 文本标签、头部标记、页面创建超链接、创建表格表单功能搭建静态网页	2-1-1-K1 掌握并熟练应用 HTML 文本标签、头部标记、页面创建超链接、创建表格表单功能
2	制作招聘网站账号登录页面	2-1-1-S1 能熟练使用 HTML 文本标签、头部标记、页面创建超链接、创建表格表单功能搭建静态网页 2-1-2-S2 能熟练使用 CSS 设计网页样式 2-1-2-S3 能熟练使用 CSS 美化网页样式 2-2-1-S1 能熟练使用 CSS3 的选择器、边框特性、颜色、字体、盒阴影、背景特性、盒模型、功能美化网页 2-4-1-S1 能熟练使用 HTML5 新增语义化元素、页面增强元素与属性及多媒体元素等功能开发移动端页面	2-1-1-K1 掌握并熟练应用 HTML 文本标签、头部标记、页面创建超链接、创建表格表单功能 2-1-2-K2 掌握 CSS 的选择器、单位、字体样式、文本样式、颜色、背景的使用方法 2-1-2-K3 掌握 CSS 的区块、网页布局属性的使用方法 2-2-1-K1 掌握 CSS3 选择器在页面中插入各种盒子模型、背景样式使用方法 2-4-1-K1 掌握 HTML5 新增全局属性、结构化与页面增强、表单标签、多媒体元素的使用方法
3	制作招聘网站求职申请页面	2-1-1-S1 能熟练使用 HTML 文本标签、头部标记、页面创建超链接、创建表格表单功能搭建静态网页 2-1-2-S2 能熟练使用 CSS 设计网页样式 2-1-2-S3 能熟练使用 CSS 美化网页样式 2-2-1-S1 能熟练使用 CSS3 的选择器、边框特性、颜色、字体、盒阴影、背景特性、盒模型、功能美化网页 2-4-1-S1 能熟练使用 HTML5 新增语义化元素、页面增强元素与属性及多媒体元素等功能开发移动端页面	2-1-1-K1 掌握并熟练应用 HTML 文本标签、头部标记、页面创建超链接、创建表格表单功能 2-1-2-K2 掌握 CSS 的选择器、单位、字体样式、文本样式、颜色、背景的使用方法 2-1-2-K3 掌握 CSS 的区块、网页布局属性的使用方法 2-2-1-K1 掌握 CSS3 选择器在页面中插入各种盒子模型、背景样式使用方法 2-4-1-K1 掌握 HTML5 新增全局属性、结构化与页面增强、表单标签、多媒体元素的使用方法
4	制作招聘网站用户注册页面	2-1-1-S1 能熟练使用 HTML 文本标签、头部标记、页面创建超链接、创建表格表单功能搭建静态网页 2-1-2-S2 能熟练使用 CSS 设计网页样式 2-1-2-S3 能熟练使用 CSS 美化网页样式 2-2-1-S1 能熟练使用 CSS3 的选择器、边框特性、颜色、字体、盒阴影、背景特性、盒模型、功能美化网页 2-4-1-S1 能熟练使用 HTML5 新增语义化元素、页面增强元素与属性及多媒体元素等功能开发移动端页面	2-1-1-K1 掌握并熟练应用 HTML 文本标签、头部标记、页面创建超链接、创建表格表单功能 2-1-2-K2 掌握 CSS 的选择器、单位、字体样式、文本样式、颜色、背景的使用方法 2-1-2-K3 掌握 CSS 的区块、网页布局属性的使用方法 2-2-1-K1 掌握 CSS3 选择器在页面中插入各种盒子模型、背景样式使用方法 2-4-1-K1 掌握 HTML5 新增全局属性、结构化与页面增强、表单标签、多媒体元素的使用方法
5	制作招聘网站职位列表页面	2-1-1-S1 能熟练使用 HTML 文本标签、头部标记、页面创建超链接、创建表格表单功能搭建静态网页 2-1-2-S2 能熟练使用 CSS 设计网页样式 2-1-2-S3 能熟练使用 CSS 美化网页样式 2-2-1-S1 能熟练使用 CSS3 的选择器、边框特性、颜色、字体、盒阴影、背景特性、盒模型、功能美化网页 2-4-1-S1 能熟练使用 HTML5 新增语义化元素、页面增强元素与属性及多媒体元素等功能开发移动端页面	2-1-1-K1 掌握并熟练应用 HTML 文本标签、头部标记、页面创建超链接、创建表格表单功能 2-1-2-K2 掌握 CSS 的选择器、单位、字体样式、文本样式、颜色、背景的使用方法 2-1-2-K3 掌握 CSS 的区块、网页布局属性的使用方法 2-2-1-K1 掌握 CSS3 选择器在页面中插入各种盒子模型、背景样式使用方法 2-4-1-K1 掌握 HTML5 新增全局属性、结构化与页面增强、表单标签、多媒体元素的使用方法

（续表）

序号	学习情境	对应标准	
		技能要求	知识要求
6	制作招聘网站职位详情页面	2-1-1-S1 能熟练使用 HTML 文本标签、头部标记、页面创建超链接、创建表格表单功能搭建静态网页 2-1-2-S2 能熟练使用 CSS 设计网页样式 2-1-2-S3 能熟练使用 CSS 美化网页样式 2-2-1-S1 能熟练使用 CSS3 的选择器、边框特性、颜色、字体、盒阴影、背景特性、盒模型、功能美化网页 2-4-1-S1 能熟练使用 HTML5 新增语义化元素、页面增强元素与属性及多媒体元素等功能开发移动端页面 2-4-2-S2 能使用 CSS3 的选择器、边框特性、新增颜色、字体、盒阴影、背景特性、盒模型、渐变功能设计移动端静态网页	2-1-1-K1 掌握并熟练应用 HTML 文本标签、头部标记、页面创建超链接、创建表格表单功能 2-1-2-K2 掌握 CSS 的选择器、单位、字体样式、文本样式、颜色、背景的使用方法 2-1-2-K3 掌握 CSS 的区块、网页布局属性的使用方法 2-2-1-K1 掌握 CSS3 选择器在页面中插入各种盒子模型、背景样式使用方法 2-3-1-K1 掌握 CSS3 特性、动画效果、多列布局以及弹性布局的使用方法 2-4-1-K1 掌握 HTML5 新增全局属性、结构化与页面增强、表单标签、多媒体元素的使用方法
7	制作招聘网站首页	2-1-1-S1 能熟练使用 HTML 文本标签、头部标记、页面创建超链接、创建表格表单功能搭建静态网页 2-1-2-S2 能熟练使用 CSS 设计网页样式 2-1-2-S3 能熟练使用 CSS 美化网页样式 2-2-1-S1 能熟练使用 CSS3 的选择器、边框特性、颜色、字体、盒阴影、背景特性、盒模型、功能美化网页 2-2-2-S2 能熟练使用 HTML 文本标签、图像、头部标记、页面创建超链接、创建表格表单及 iframe 框架等功能美化网页 2-3-1-S1 能熟练使用 CSS3 的选择器、背景、盒模型、渐变、多列布局等属性开发动态网页 2-4-1-S1 能熟练使用 HTML5 新增语义化元素、页面增强元素与属性及多媒体元素等功能开发移动端页面 2-4-2-S2 能使用 CSS3 的选择器、边框特性、新增颜色、字体、盒阴影、背景特性、盒模型、渐变功能设计移动端静态网页 2-5-1-S1 能熟练使用 HTML5 新增语义化元素、页面增强元素与属性及多媒体元素等功能美化页面	2-1-2-K2 掌握 CSS 的选择器、单位、字体样式、文本样式、颜色、背景的使用方法 2-1-2-K3 掌握 CSS 的区块、网页布局属性的使用方法 2-2-1-K1 掌握 CSS3 选择器在页面中插入各种盒子模型、背景样式使用方法 2-2-2-K2 掌握 HTML 在网页中嵌入多媒体、使用框架结构、网页中使用表格创建表单的使用方法 2-3-1-K1 掌握 CSS3 特性、动画效果、多列布局以及弹性布局的使用方法 2-4-1-K1 掌握 HTML5 新增全局属性、结构化与页面增强、表单标签、多媒体元素的使用方法 2-4-2-K2 掌握 CSS3 选择器、边框特性、颜色、字体、盒阴影、背景特性、盒模型、渐变功能的使用方法 2-5-1-K1 理解 HTML5 新增全局属性、结构化与页面增强、表单标签、多媒体元素的使用方法
8	制作企业网站首页	2-1-1-S1 能熟练使用 HTML 文本标签、头部标记、页面创建超链接、创建表格表单功能搭建静态网页 2-1-2-S2 能熟练使用 CSS 设计网页样式 2-1-2-S3 能熟练使用 CSS 美化网页样式 2-2-1-S1 能熟练使用 CSS3 的选择器、边框特性、颜色、字体、盒阴影、背景特性、盒模型、功能美化网页 2-2-2-S2 能熟练使用 HTML 文本标签、图像、头部标记、页面创建超链接、创建表格表单及 iframe 框架等功能美化网页 2-3-1-S1 能熟练使用 CSS3 的选择器、背景、盒模型、渐变、多列布局等属性开发动态网页 2-4-1-S1 能熟练使用 HTML5 新增语义化元素、页面增强元素与属性及多媒体元素等功能开发移动端页面 2-4-2-S2 能使用 CSS3 的选择器、边框特性、新增颜色、字体、盒阴影、背景特性、盒模型、渐变功能设计移动端静态网页 2-5-1-S1 能熟练使用 HTML5 新增语义化元素、页面增强元素与属性及多媒体元素等功能美化页面 2-5-2-S2 能熟练使用 CSS3 的选择器、盒模型、过渡、动画等属性美化网页	2-1-2-K2 掌握 CSS 的选择器、单位、字体样式、文本样式、颜色、背景的使用方法 2-1-2-K3 掌握 CSS 的区块、网页布局属性的使用方法 2-2-1-K1 掌握 CSS3 选择器在页面中插入各种盒子模型、背景样式使用方法 2-2-2-K2 掌握 HTML 在网页中嵌入多媒体、使用框架结构、网页中使用表格创建表单的使用方法 2-3-1-K1 掌握 CSS3 特性、动画效果、多列布局以及弹性布局的使用方法 2-4-1-K1 掌握 HTML5 新增全局属性、结构化与页面增强、表单标签、多媒体元素的使用方法 2-4-2-K2 掌握 CSS3 选择器、边框特性、颜色、字体、盒阴影、背景特性、盒模型、渐变功能的使用方法 2-5-1-K1 理解 HTML5 新增全局属性、结构化与页面增强、表单标签、多媒体元素的使用方法 2-5-2-K2 掌握 CSS3 选择器在页面中插入、各种盒子模型、背景样式使用方法

附录 2　HTML5 常用标签字典

标签	描述
<!DOCTYPE>	定义文档类型
<a>	定义超链接
<abbr>	定义缩写
<address>	定义地址元素
<area>	定义图像映射中的区域
<article>	定义 article
<aside>	定义页面内容之外的内容
<audio>	定义声音内容
<b>	定义粗体文本
<base>	定义页面中所有链接的基准 URL
<body>	定义 body 元素
 	插入换行符
<button>	定义按钮
<canvas>	定义图形
<caption>	定义表格标题
<datalist>	定义下拉列表
<dd>	定义的描述
<div>	定义文档中的一个部分
<dl>	定义列表
<dt>	定义的项目
<em>	定义强调文本
<fieldset>	定义 fieldset
<figure>	定义媒介内容的分组，以及它们的标题
<footer>	定义 section 或 page 的页脚
<form>	定义表单
<h1> ~ <h6>	定义标题 1 到标题 6
<head>	定义关于文档的信息
<header>	定义 section 或 page 的页眉
<hr>	定义水平线
<html>	定义 html 文档
<i>	定义斜体文本
<iframe>	定义行内的子窗口（框架）
<img>	定义图像
<input>	定义输入域
<label>	定义表单控件的标注
<li>	定义列表的项目
<link>	定义资源引用

（续表）

标签	描述
<map>	定义图像映射
<menu>	定义菜单列表
<meta>	定义元信息
<nav>	定义导航链接
<object>	定义嵌入对象
<ol>	定义有序列表
<option>	定义下拉列表中的选项
<p>	定义段落
<param>	为对象定义参数
<script>	定义脚本
<section>	定义 section
<select>	定义可选列表
<source>	定义媒介源
<span>	定义文档中的 section
<strong>	定义强调文本
<style>	定义样式定义
<sub>	定义上标文本
<sup>	定义下标文本
<table>	定义表格
<tbody>	定义表格的主体
<td>	定义表格单元
<textarea>	定义 textarea
<tfoot>	定义表格的脚注
<th>	定义表头
<thead>	定义表头
<time>	定义日期/时间
<title>	定义文档的标题
<tr>	定义表格行
<ul>	定义无序列表
<video>	定义视频

参考文献

［1］Peter Lubbers，Brian Albers，Frank Salim 著．HTML5 高级程序设计［M］．李杰，柳靖，刘淼，译．北京：人民邮电出版社，2011．

［2］Alexis Goldstein，Louis Lazaris，Estelle Weyl 著．HTML5 与 CSS3 实战指南［M］．宋松，译．北京：人民邮电出版社，2011．

［3］Elisabeth Robson，Eric Freeman 著．Head First HTML 与 CSS［M］．徐阳，丁小峰，译．2 版．北京：中国电力出版社，2013．

［4］工业和信息化部教育与考试中心．Web 前端开发（初级）［M］．北京：电子工业出版社，2019．

［5］北京新奥时代科技有限责任公司．Web 前端开发实训案例教程（初级）［M］．北京：电子工业出版社，2019．

［6］北京新奥时代科技有限责任公司．Web 前端开发实训案例教程（中级）［M］．北京：电子工业出版社，2019．